园艺专业职教师资培养资源开发项目

# 盆景艺术与花艺设计

齐安国　王保全　主编

中国农业出版社
北　京

教育部、财政部职业院校教师素质提高计划——
园艺本科专业职教师资培养资源开发项目
成果（VTNE055）

# 项目成果编写审定委员会

**主　任**　赵一鹏

**副主任**　刘会超　　周俊国　　郑树景

**委　员**　苗卫东　　周瑞金　　杜晓华　　李贞霞
　　　　　　贾文庆　　李桂荣　　周　建　　陈碧华

**专　家**　汤生玲　　徐　流　　卢双盈　　张元利
　　　　　　曹　晔　　张建荣　　姚连芳　　宋建伟
　　　　　　王广印　　张传来　　李新峥　　艾建东
　　　　　　郭海江　　王道新

# 编 写 人 员

主　编　齐安国（河南科技学院）

　　　　王保全（河南科技学院）

副主编　蔡祖国（河南科技学院）

　　　　刘砚璞（河南科技学院）

　　　　王新苗（黑龙江省伊春林业学校）

　　　　王　璞（河南科技学院）

# 前言

为进一步加强职教师资培养体系建设，提高职教师资培养质量，"十二五"期间，中央财政支持全国重点建设职教师资培养培训基地，开发100个职教师资本科专业的培养标准、培养方案、核心课程研发项目。

本书是在对行业、教师、学习者现状进行广泛调研基础上编写完成的。在编写过程中，根据现代社会及园艺行业对中职教师的要求，按照教育教学规律和要求，力求在学习过程中能够增强实践技能和创新意识，体现以行动为导向，以工作任务为主线，以实践技能为重点。

## 一、开发背景和意义

随着经济全球化、教育信息化的快速发展，社会发展、经济转型、产业结构调整、人才市场需求等对职业教育人才培养提出了新的更高要求。党的十八大对加快发展现代职业教育做出了重大部署，2014年出台了《现代职业教育体系建设规划（2014—2020年）》，提出了"2015年初步形成现代职业教育体系框架，2020年基本建成中国特色现代职业教育体系"的总体目标。为贯彻落实全国教育工作会议精神和《国家中长期教育改革和发展规划纲要（2010—2020年）》，大力加强职业教育"双师型"教师队伍建设，2011年教育部发布了《关于进一步完善职业教育教师培养培训制度的意见》，提出了"加快构建内容完备、特色鲜明、管理规范、相互衔接的职业教育教师培养培训制度体系框架，进一步提升职业教育教师培养培训工作整体水平，更好地满足职业教育改革创新的需要，满足职业教育教师专业化发展的需求。"2012 年，教育部实施职教师资本科专业标准、培养方案、核心课程和特色教材开发项目（以下简称"职教师资本科专业培养资源开发项目"），从实践性、创新性、系统性等方面提出了开发的内容和具体要求。当前我国职业教育改革发展正处在重要战略机遇期，建设一支高素质专业化的教师队伍，对于提高技能型人才培养质量、完善现代职业教育体系、推动职业教育科学发展具有十分重要的意义。

河南科技学院承担了"园艺专业职教师资本科专业培养资源开发项目"（以下简称"培养包"项目）。

二、概况

本书体现园艺专业领域普遍应用的核心技术和关键技能。园艺专业岗位能力根据行业体系分为产前、产中和产后三个方面的核心技能群。通过对职业院校教师、毕业生现状及教材现状的调研，发现在教师能力中存在较为突出的问题，通过项目开发解决这些在需求调查中反映出来的专业知识、实践技能的需求和缺陷。本书依据这些需求和缺陷而设计和编写的，具有很强的针对性及实践性，著作内容体现了四新，即新理论、新知识、新技术、新方法，还体现了职业教育教学改革发展方向。

三、本书主要依据

《园艺专业职教师资培养专业教师标准》

《园艺专业职教师资培养专业教师培养标准》

《园艺专业职教师资培养质量评价方案》

园艺专业中职教育现状调查研究

园艺专业中等职业毕业生质量现状调查研究

基于 AHP 的中职学校园艺专业学习者质量期望调查研究

影响中等职业学校园艺专业教师能力各因素调查研究

园艺专业本科职教毕业生质量现状调查研究

园艺专业职教本科专业教材调查研究

## 四、特色及使用

### 1. 实践性

（1）突出实践能力的提高　按行业体系来划分内容，按照工作过程组织单元，按单元分解的各模块构建任务。以任务为引领、结果为驱动，突出能力，内容实用，做学一体。本书重视实践性、技能型知识，用实践操作全过程来连贯各知识点，突出实践能力的提高，形成较为连续的技术能力体系。

（2）理论和实训一体化　重视并加大实践内容，做到理论和实训一体化。尝试用任务驱动法来编写著作，用实践引领理论，这样的著作比理论引导实践更能让受教者接受，也更感兴趣。本书中每一个任务对应一项具体的技术技能，在这一组任务完成后会设置若干技术实训，是对这一模块主要的技能进行综合的实训。在每一个模块学习中，包括观察或案例、知识点、关键问题、任务实践、知识拓展等内容。

整个著作体系体现了很强的实践性，使实践与理论融为一体。

### 2. 适用性

本书针对中职园艺专业特点，按照园艺专业工作过程组织单元，利用实例分别将各知识点串连。对园艺专业知识涵盖较全面，具有很强的专业性；同时对于不同的专业知识将给以教学上的一些指导，又是一本很好的教学参考书。

在任务学习中，首先通过观察或案例这一部分，利用图片、案例等形式使受教者对这一任务有一直观的了解；然后补充相关知识点，知识点的学习没有像学科教育中那么详细及具有系统性，而是就完成任务主要的知识点进行讲解，够用就行，简单明了；接着的关键问题强调该任务重点掌握要点；再通过任务实践对这一技能进行简单学习及操作；思考与讨论是对这一任务中一些知识点的深层讨论；层次高的学员可对知识拓展等内容进行自学，充分利用各种学习媒介。

3. 前瞻性  在书中内容的知识拓展部分，结合与这一任务相关的本专业即将普及的新技术、应用发展趋势进行介绍。

五、编写分工

齐安国编写模块二、模块三（不包括任务一、任务二）、模块五（不包括技术实训）、模块六；王保全编写模块一；蔡祖国编写模块四；王新苗编写模块三中的任务一；王璞编写模块五中的技术实训，刘砚璞编写模块三中的任务二。

在编写过程中，得到有关单位和个人的大力支持和帮助，参考了很多同志的著作和科技资料，引用了部分图表，在此一并致谢。

由于时间仓促，水平有限，不当之处在所难免，敬请广大读者批评指正。

编  者

2018 年 12 月

# 目录

前言

**1**

# 模块一　盆景创作

## 任务一　盆景制作前期准备

【观察】

图 1-1　盆景制作的植物材料和盆钵

对现有盆景植物材料和盆钵（图 1-1）进行仔细观察、分析，根据植物材料枝条的分布、大小、粗细和长势，对桩材前后、左右、远近和高度等进行多角度审察和构思，初步确定所制作盆景的式样，根据设定的盆景选定适宜的盆钵。

【知识点】

**1. 制作盆景应具备的知识**　盆景是自然景物的概括、浓缩与升华，必须对自然界的奇山怪石、河谷森林、山涧溪林、古树苍藤、旷野丛林、花草树木有一定的了解。要了解他们的形态、特征、环境、生长规律，否则你根本不能制作出盆景。违反自然规律的东西即使临时凑合起来，也没有生命，更没有灵性。因此，学盆景要多出去走一走，百闻不如一见，多看自然景观，特别是古树，有利于盆景创作。

为把握景物的特征，必须了解风、雨、雪、水分、土壤、光照、温度等自然因素对景物的综合影响。将热带植物植于风雪之地，显然是不合规律的。只有学习自然、认识自然、了解自然，才能再现自然，高于自然。

盆景制作不是对自然的重复和再现，而是浓缩、升华，是源于自然，高于自然。要做到这些必须认真学习我国传统园林的表现手法，对祖国的书法、诗词也要有一定的了解。特别是盆景与中国绘画的关系最为密切，所以画论不可不读，名作不可不看，要培养对各类艺术门类的爱好，借以提高文学艺术修养和思想品味。只有不断学习各类自然知识、书法知识，提高自身的文化素养，才有可能创作出源于自然、高于自然的艺术作品。

盆景制作还必须了解各种花草、树木的形态特征、习性、生长发育规律和对环境条件的要求，以及常见病虫害的防治等方方面面的知识。只有这样才能根据立意和所掌握的材料进行科学布局，创造出符合自然规律且比大自然中更典型、更突出的奇山异景。

**2. 盆景植物材料的选择标准**　自然界中的树木种类繁多，并非都适用于树桩盆景创作。树种选择应充分考虑作者创作的艺术要求和欣赏者的审美情趣、个性爱好、欣赏习惯等，以盘根错节、枝密叶细、姿态优美、花果艳丽者为佳；同时根据树木自身的生物学特性，要求树种的萌发力强，耐修剪，寿命长，以保证加工再创作的成功率。树桩盆景植物的选择标准：

（1）所选植物叶片细小，节短枝密，桩景统体可观，自然而富有真实感。如罗汉松、榆树、福建茶等，罗汉松有大、中、小、雀舌、珍珠叶之分。

（2）桩景树木萌芽能力要强，在养坯、创作中能够忍耐反复修剪和蟠扎。如小叶女贞、黄杨等。

（3）枝条自然柔韧，耐绑扎，宜弯曲造型，树干矮壮有力，尽显桩景之苍劲古朴、老气横秋之态。

（4）花艳果繁，花果大小不等，形状各异，味有淡浓，三角梅有单瓣、重瓣之分，色彩有深红、紫红、橙黄、红白相间之别；核果殷红夺目的南天竹，硕果累累的火棘，给予观赏者丰盛喜悦之感。

（5）树蔸怪异，悬根露爪，以盘旋交错、隆裸苍古者为妙，从而显示桩景年份、体现力度、决定造型起步动势。

（6）生长缓慢，寿命长，环境适应性强。寿命越长，桩景根、干、枝将随其树龄的递增显得愈发苍古、韵味十足；盆土定容，营养、水分受限，桩景需能够适应干旱、低温、贫瘠等不良环境，且病虫害少，容易养护管理。

（7）桩材奇特，姿态优美，色彩、质地、神韵俱佳。桩景之美，在于其生命特性，桩景的色彩、形态及神韵随季节不同而产生变化，体现出生命在季节变化过程中所呈现的节奏感。

**3. 盆景制作的前期用品准备**　在开始动手制作盆景之前需要做好各项准备工作，除了植物材料、盆土以外，盆钵、几架、摆件和工具等用品均是制作盆景所必不可少的。

（1）盆钵　盆景，顾名思义，就是盆中之景，景生盆上。盆钵在盆景发生的同时形成与发展的，其不仅为景树提供生存场所，还圈定了盆景的构图范围。同时，有些盆钵本身就是工艺品，具有较高的观赏价值，好景配好盆，能起到锦上添花的作用。盆钵种类繁多，从材质上看，盆景制作过程中常使用紫砂盆、釉陶盆、瓷盆、石盆和瓦（泥）盆。泥盆粗糙、透性极好，适用于栽植养护树坯；石盆一般采用汉白玉、大理石、花岗岩等石料雕凿而成，坚实、高雅、不透水，常用于山水浅盆；釉陶盆颜色各异，性状多样，素雅大方，质地疏松，适用于对颜色有特殊要求的树桩盆景和山水盆景；紫砂盆造型美观，质地细腻，坚韧古朴，透水透气性好，多用于树桩盆景制作。

（2）几架　盆景经过构思、选材、加工造型、点景、配盆之后，最后一个程序是选配几架。几架是指用来陈设盆景的架子，它与景、盆构成统一的艺术整体，有"一景、二盆、三几架"之说，是整个画面中不可缺少的一个因素。几架常置于盆景与台面之间，起到承上接下，改善视觉效果的作用。几架要与景、盆相呼应，即要相映成趣，几架的大小、形态、色泽、质地要与盆景配合得体，体现画面的协调性，展现盆景的整体艺术效果。按构成材料分为木质几架、竹质几架、陶瓷几架、水泥几架、焊铁几架等。

（3）摆件　中国盆景讲究"形神兼备"，盆景要做到以小见大、情境交融，往往借助于添置配件。盆景是指盆景中植物以外的点缀品，如人物、动物、园林建筑物等。配件的点缀可以突出主题，丰富制作者的思想内容，增添生活气息，渲染环境气氛，表明时代和季节，还可起到比例尺和透视的作用。盆景配件有陶质、瓷质、石质、金属制品、塑料、砖雕等，品种繁多，形式多样。

（4）工具　"工欲善其事，必先利其器"。制作盆景使用的工具根据盆景类型不同而不同。树桩盆景制作常用的工具有剪子、钳子、刀、手锯、锤子、筛子、竹签、花铲、水壶、镐等；剪子包括修枝剪、长柄剪和小剪刀，修枝剪多用于枝条和根部修剪，长柄剪用于修剪细小枝叶，小剪刀用于剪断棕皮、桑皮或尼龙捆带；钳子包括钢丝钳、尖嘴钳和鲤鱼钳，用于金属丝截断或缠绕；手锯用于截断大枝干、树根等；山水盆景制作工具包括工作台、切石机、小山子、锉、钢丝刷、锤子、凿子和油漆刀等。工作台用水泥或不锈钢制成，要求平稳并能旋转，便于从各个角度观察、加工；小山子一头尖，一头刀斧口，用于雕琢山水纹理或挖洞开穴；锉用于锉去石料上生硬锋利的棱角或块面。

## 【任务实践】

### 实践一　植物材料准备

**1. 使用工具**　小花铲、鸡尾锯、剪刀、凿子、锤子、钳子、喷壶、喷雾器、水桶、勺子、磨石、金属丝、白乳胶、凡士林、油画笔、黑塑料膜、遮阳网、竹签、镊子、毛刷、箱子、杂具等。

**2. 材料的准备**　树桩盆景植物材料主要通过采掘、繁殖和购买三种途径获得，经过品别、修整后即可开始进行盆景创作。

（1）野外采掘　野外采掘盆景材料需要掌握好材料要求、采掘地点、时间、方法、运输技巧和树坯栽植等。

材料要求：野外采集挖掘树桩时应选择树龄长久，生长旺盛，形态本身具有苍古奇特、遒劲曲折、悬根露爪、稀奇古怪的树桩坯料为好。选桩要诀："大头鼠尾有弯曲，老树嫩枝又短束"。

采掘地点：残酷的自然环境使这些地方树木变得形态古怪，植株矮小，而且具有很强的生命力；土层瘠薄，树木根系多侧生生长，浅根、细根、侧根发达，而直根、主根、深根较少。屡经风霜糟蹋，虬枝曲干，老气横秋，因此，在荒山瘠地自然生长的树木，由于遭受人畜践踏或人为砍伐，往往会留下古老的树桩；山径岩隙中的树木发育受阻，生长缓慢，容易形成树形古朽、枝干扭曲、树皮开裂的树桩；高山地带的树木受大风、低温和强紫外线照射影响，导致植物主干畸形，节间缩短矮化，"小老头状"的苍老桩材往往是很好的采掘对象。采掘前应了解当地的桩景植物资源、生长和分布情况，查找有关资料，大致推断该地区可能生长的植物种类，访问当地的山农樵夫或放牧者，弄清树桩植物的分布种类和具体的生长地点。

采掘时间：我国地域辽阔，南北气候差别较大，植物的生长习性各异，树桩的采掘时间常由树木的生长习性来决定。一般来讲，除了高温、严寒季节外，树木休眠期采掘较为适宜，尤其以初春化冻、树木萌芽前采掘为最佳时期。

采掘方法：首先对选定的树桩进行观察，清除树桩周围的杂草、荆棘、桩基丛生枝和根部萌枝，初步确定造形，将与造型无关的枝条去除。然后从树根周围开始挖掘，去掉表土，切断伸向远处的侧根，然后再选树桩的正反两面向下挖深，一般挖至分根下 50cm 左右时（大树桩可深些，小树桩可浅些），大致可观察根部形态，根据需要尽可能多保留些侧根、须根，切断主根（利刃快切），能带土球的就尽可能带土球，至少也要留有护心土，如果实在是不得已没能带土，则必须做掘后保护。

　　运输技巧：挖掘的树桩应尽快运回修整栽培。短途运输，可直接用塑料袋或布包装树桩，远途运送，裸根则必须将树桩根部打上泥浆，用草包、蒲包或稻草包装上车，并加以覆盖，避免风吹日晒。难以移栽成活的树桩还应以青苔浸湿包扎根部，对枝叶喷水装进塑料袋，保持水分，以提高其成活率。

　　山野采掘的树桩，通常要经过一定时期的培育，才能上盆加工创作。桩头运到目的地后，根据造型要求在室内进行第二次修剪，主、侧根一般剪留13～15cm，以利于上盆。然后栽入温暖向阳、疏松、排水良好的土壤中进行养胚。栽植树时要适当深栽，只留出芽眼在土外即可，主干高的树桩，可用苔藓包在主干上或者喷施适当浓度的抗逆剂，防止水分散失。培育期间可选择盆栽、地栽、盆栽地埋和砂床培育等多种栽植方法。

　　（2）人工繁育　山野采桩破坏生态环境，不利于盆景产业的可持续发展。人工培育苗木，不仅可以保护森林及野生资源，维护生态平衡，还可以根据盆景创作的具体需要，有计划、可持续性地大批量生产，在苗木的种类、苗龄及形态等方面进行定向培养，掌握盆景创作的主动性。人工繁育苗木包括播种、分株、扦插、嫁接和组织培养等有性和无性繁殖方式。

　　播种繁殖：播种繁殖可一次性获得大量实生苗，该苗发育阶段早，遗传保守性不稳定，可塑性大，有利于驯化和定向培育创造新品种，且植株寿命较长。种子是播种繁殖的物质基础，采种母株应选择树形丰满，能充分展现本树种优良性状、生长健壮、无病虫害的植株，同时掌握适时的采种时间和恰当的采种方法，经过种实调制、种子贮藏、种子检验、播前处理等程序，选择适宜的播种期进行播种，出苗后开展积极有效的抚育管理，从而为树桩盆景创作奠定基础。

　　分株繁殖：即从母株根部分割出萌生的根蘖苗，栽植成新植株的繁殖方法。此方法适用于易生根蘖、茎蘖的盆景树种。分株时间以秋季落叶后至春季发芽前为宜。具体方法：将母株根部周围地面上萌发的根蘖苗带根挖出，挖掘过程中在保证根蘖苗具有完好根系的同时，尽可能减少对母株根系的损伤，分株后将根蘖苗暂时埋藏假植，待春季适时定植。

　　扦插繁殖：即利用植物的根、枝、叶等器官作为繁殖体，在适宜环境条件下，插入基质中成为完整植株的方法。适用于不结实或结实较少的盆景树种，如六月雪、福建茶等。具体方法：选择1～2年生健壮枝条，长短曲直根据盆景植株造型需要而定，生物学下端斜剪（忌头尾倒置），施用适量浓度的生长类激素处理，扦插入事先配制的基质中，深度一般以插穗的2/3为宜，扦插后注意做好降温、保湿等管理工作，以提高插穗的成活率。

　　嫁接繁殖：即植物的枝、芽（接穗）嫁接到另一株树体（砧木）上，使其愈合生长为一个新植株的繁殖方法。嫁接时应选择亲缘关系近的砧木和接穗，如小叶榆与大叶榆、紫薇与银薇、红花檵木与白花檵木等组合，接穗应选取健壮枝条的中间段，砧木以无病虫害的树干或枝条为宜，接穗与砧木的接触面要削切光滑、平整，对准形成层，然后用塑料带绑扎牢固。嫁接后应留心观察接穗抽芽，及时抹除砧木的萌生芽，保证砧木对接穗的营养供应，待砧木与接穗嫁接处的皮层基本愈合后，解开包扎物，细心养护管理。嫁接的方法主要有靠接、劈接、腹接和芽接等。

压条繁殖：将母株上生长的 1～2 年生枝条压入基质中，待其生根后断离母株，发育成为独立新植株的繁殖方法。压条时应在枝条的被压处进行切割略伤表皮，且保持压条处基质呈湿润状态。根据枝条发育时期不同，压条繁殖分为秋季落叶后或早春发芽前进行的休眠期压条，以及生长季节进行的生长期压条。

组织培养：根据植物细胞全能性原理，将植物的根、茎、叶和花等器官、组织或细胞接种到人工配制的培养基上，在人工控制环境条件下，经过离体培养成为完整植株的繁殖方法。该方法适用于优良苗木品种、优良单株、稀缺良种、新引进和濒危植物的快速繁殖和保存。

（3）购买桩材　随着盆景市场的逐步开放与完善，市场交易已成为盆景创作者获得盆景桩材的重要渠道。为了提高桩材的成活率，应从以下几个方面观察待选桩材：①根系：选择须根多的桩材，能保证植株对营养和水分的吸收，提高桩材的成活率；②色泽：观察植株根、茎、干和叶是否饱满色正，选择皮色鲜嫩（用手指甲划破表皮，看开展层是否嫩绿，水分感是否充足），采挖时间较短的桩材容易成活；③宿土：附在桩材根部的原土，宿土保留越多，根系越完整，成活率越高；④损伤：挖掘桩材时往往会造成植株的损伤，购买桩材时要观察枝、干、根部皮层的损伤程度，皮层损伤越少，植株水分输送越顺畅，桩材成活率越高。

## 实践二　盆景营养土配置

**1. 使用工具**　铁锹（平头）、筛子、剪刀等。

**2. 操作步骤**　根据植物材料对栽植土壤的要求，配制适宜植物生长发育的营养土。

（1）中性营养土的配制　腐叶土 4 份＋园土 4 份＋河沙 2 份；或腐叶土（或泥炭土）40 份＋园土 30 份＋河沙 30 份＋骨粉 5 份；或腐叶土（或泥炭土）5 份＋河沙 3.5 份＋腐熟有机肥 1 份＋过磷酸钙 0.5 份。

（2）酸性营养土的配制　牛粪 5 份＋锯末 3 份＋河沙 2 份，拌和堆放沤制。如没有锯末、河沙，也可用炉渣灰和菜园土代替，但牛粪比例要大些占 60%。

山茶：腐叶土 1 份＋园土 1 份＋河沙 1 份＋少量的骨粉。

杜鹃类：松针土 1 份＋1 份马粪（或牛粪）。

橡皮树、朱蕉等：腐叶土：园土：河沙大约为 3：5：2。

棕榈、椰子等：园土 5 份＋河沙 2 份。

（3）观果盆景营养土的配制　旱田土 50%＋粒度适中的炉渣 20%＋腐熟堆肥 30%；旱田土 40%＋粗细沙 30%＋腐熟堆肥 30%；积田土 30%＋腐叶土 40%＋蛭石或珍珠岩 30%；草炭土 50%＋蛭碱珍珠岩 30%＋牛粪 20%。

**3. 检查**

（1）操作程序是否规范。

（2）检查各种营养成分比例是否符合特定营养土的配制要求。

**【关健问题】**

**1. 影响野外采挖树桩成活的因素**

适时采掘树桩。落叶树和松柏类通常选择树木休眠期采掘，其中以初春化冻、树木萌芽前采掘为最佳时期，此时挖掘的树桩移栽后成活率高；常绿阔叶树桩不耐低温，通常以春、秋季气温适宜生根的阴天或微雨天气时采掘。

减少植株蒸腾。采掘前应根据树桩种类和植株大小，仔细观察树形结构，构思整体造型，去除多余枝干，并在截口上封蜡，或包以塑料薄膜，防止截口水分蒸发。上盆养护前再次对根系和枝叶进行修剪，清理采掘时造成的撕裂伤，修整切口，以溶化的石蜡均匀涂于切口处，既可减少植株水分蒸腾，又可防止因伤口流液而引起腐烂感病。

保护健壮根系。采掘时细心清理表层土壤，露出树桩粗根，看清根幅走向，切断伸向远处的侧根，然后在树桩的正反两侧向下深挖，边挖边锯剪向下生长的粗根与侧根，尽可能保留较多的侧根、须根，最后倾斜树体，切断主根（利刃快切），整个树桩带土取出，并及时用湿稻草、毡布等材料捆绑包装。采掘过程中要先断主根，再断侧根，截口要尽量小而平整光滑。

上盆养护得当。根系和枝叶修整后，将树桩栽植合适的盆钵中，可选取塑料膜罩着桩头，以减少水分蒸发。浇水少量多次，避免积水引起烂根；施肥不宜过早，确定树桩成活后再施用少量肥料；当树桩新枝长至 5cm 左右时，选择阴天取下塑料膜，并将树桩移至遮阴处，使树桩适应弱光环境，逐步增强生命力。

**2. 制作盆景时的注意事项**

初学者制作盆景应选择小的、生命力强的树种。如六月雪、榆树、小叶女真等，价格既便宜，又宜于养护，即使出错，损失也不大。切忌贪大求贵，以免因经验不足、养护不当带来不必要的损失。买桩时切忌心急盲目，应结合自身鉴赏能力、植物生长习性、立地栽培条件和养护技术选择适宜的盆景桩材。

因地制宜。初学者制作树木盆景时，在了解所选择盆景树木的生长习性的基础上，根据当地的气候、土壤和水质等栽培条件，选择购买适宜的盆景苗木或树坯品种。栽培地光照充分，可选购黑松、梅花、石榴、柽柳等喜阳性树木，光照不足，应选购黄杨、罗汉松、雀梅、六月雪等适应性强的耐阴树木；榕树、九里香等树木适应性强，在我国南、北方都能正常生长，榉木、罗汉松等树木适应性较差，在北方自然条件下生长不良。

苗木健壮，容易成活。购买盆景树木不仅要注意品种，还要观察苗木枝、叶、根的生长状况，判断能否栽植成活。须根是植物吸收营养、水分的主要器官，完好、充足的须根是苗木成活的基本保障，根部带宿土能使须根保持鲜活状态，有利于苗木成活；枝干、树皮色泽鲜嫩，叶片翠绿，植株的成活率较高；反之，植株不宜成活。

具备初步的造型基础。一棵有造型基础的桩材更利于盆景创作，造型基础主要体现在植株根、干、主枝3个方面，根系发达，侧根较粗，须根较多，适宜培养成"悬根露爪"姿态；树干短粗横卧，树冠枝条昂然向上，树姿苍老古雅，适宜培养成"李白醉酒"卧干式盆景；树干弯曲下垂，冠部下垂如瀑布、悬崖，可以模仿培养野外悬崖峭壁"苍龙探海"之势。

谨防病虫害。市场销售的桩材来源地复杂，购买时应仔细检查枝干、叶片上有无病虫危害，蚜虫、红蜘蛛等害虫着生于叶片背面或嫩枝叶片上，介壳虫寄生于植株枝干上，一旦将病虫危害的桩材买回家，盆景不但增加创作成本，病虫害还可能感染、传播到其他苗木。

## 【思考与讨论】

1. 盆土的配置有哪些需要注意的问题？
2. 适宜做盆景植物材料应具备哪些特征？

## 【知识扩展】

**1. 盆景用土的配置原则**  盆土是桩景植物生长发育的物质基础。植物生长得好坏取决于盆土中养分、水分和空气状况，以及土壤的物理化学性状等。栽培树桩的盆土以疏松、排水好、富含腐殖质的壤土、沙质壤土为主，也可用经充分风化的湖土、堆沤腐熟的落叶土、垃圾土或山间采集的山泥、菜园土等。山泥、湖土、腐叶土多呈酸性，适合种植喜酸性土壤的植物，如杜鹃、栀子、山茶、松柏类等。种植喜酸性土壤的植物，还可掺入少量硫磺、硫酸亚铁等，以增强酸性。腐叶土含有丰富的腐殖物，含有较全面的营养，可以避免施用营养元素单一的化学肥料出现的毛病，且具有黏结性，容易形成土壤的团粒结构。团粒孔中充满空气，土粒内含有充足的水分，并且水分和空气状况也较协调。腐熟过的腐叶土，经筛子筛过，再加入骨粉、菜饼、草灰，拌匀堆沤后，即可使用。

一般原产于北方的植物，多数喜欢中性至微碱性的土壤，可适当施入石灰或陈墙灰、草木灰，以提高碱性。栽培土如过黏，可掺入粗粒河沙，掺入量为 $20\%\sim40\%$。为提高土壤肥力，通常需施入迟效的半腐熟有机肥为基肥，如厩肥、堆肥、豆饼末等，施入量约占土壤总容量的 $15\%\sim20\%$。栽培观花观果植物时，还可掺入适量骨粉或过磷酸钙，以增加磷肥比例。原则上，栽培土的配制以尽可能接近植物原产地的土壤条件为好。

**2. 盆土的堆沤方法**　调制盆土，可随时清扫、收集落叶，倒入土坑，加入人粪尿堆沤而成。落叶的腐熟过程，就是微生物对有机质的分解，进而合成腐殖质的过程。这个过程与水分、空气、温度、碳组比、酸碱度（pH）等有密切关系。水分以湿重的 $60\%\sim75\%$ 为最好。温度与材料堆沤时的紧密度有直接关系，过松、过紧均不相宜。调节的办法是用通气沟或通气塔调节。温度受微生物分解有机质放出热能的直接影响。堆沤初期可保持 $55\sim65℃$，促使高温细菌分解有机质；一周后维持 $40\sim50℃$，以利于纤维素的分解，促进氨化和养分的释放。温度的高低也可通过空气调节。如空气充足，温度就高；反之，则低。大部分微生物喜欢中性和碱性条件。每 50kg 树叶，加石灰 1：1.5kg，既可中和腐解过程产生的有机酸，又可破坏叶面蜡质层，有利于分解。微生物活动最适宜的碳氮比值为 25：1，而枯叶的碳氮比值为 $60\sim100$：1。因此，需加入人畜粪尿，以提高氮的比重。

盆土堆制时，枯叶、人畜粪尿分层堆积，分层泼洒。每 5kg 落叶加畜粪300kg、人粪尿 100kg，然后用稀泥加封，堆好后翻堆两次。第一次在高温后10～15 天，上下内外翻匀后加水封泥。翻堆后还有一次高温期，待高温期后10～15 天进行第二次翻堆，1 月即可腐熟。

**3. 土壤消毒方法**　高温灭菌：是将配制好的营养土摊开，在强烈阳光下暴晒，午后趁热堆积，并用塑料布盖严加温，以达消毒目的。药剂消毒用 $0.3\%\sim0.5\%$ 的高锰酸钾液均匀洒在营养土上，并用塑料膜盖严，密封24h 即可。也可用 1 000 倍辛硫磷加 600 倍多菌灵混合液均匀喷洒，密封 2～3 天后即可使用。

# 任务二　树桩盆景制作

**【观察】**

图1-2　斜干式树桩盆景

观察1. 树桩盆景（图1-2）材料的基本形态结构由哪些组成？

观察2. 树桩盆景材料是什么？有哪些形态特征？

观察3. 树桩盆景材料、盆钵和几架如何实现协调统一？

**【知识点】**

**1. 树桩盆景的概念**　树桩盆景简称桩景，常以木本植物为创作材料，配以山石、人物、鸟兽等配件，通过蟠扎、修剪、整形等方法将植物加工成盘根错节、苍劲挺拔等艺术造型，在盆钵中表现旷野巨木葱茂大树景象的艺术品。

**2. 树桩盆景植物的造型要求**　树桩盆景主要通过植物的独特造型展现自然界的奇古老树之美，不同的树桩盆景所要求的根、干、枝、树冠和叶造型不同。

（1）根的造型　"树不露根，如同插木"。露根能使高不盈尺的小树展现盘根错节、悬根露爪的老树姿态，露根的姿态只有与主干姿态巧妙结合，才能真正达到树形优美的要求。植物根系微露于土表，犹如钢爪紧紧抓住地面，能体现直干式盆景树势雄伟、刚劲挺拔的风姿；盘根错节的根部姿态能表现曲干式盆景树势优雅、树干蟠曲之意；树干横卧（卧干式盆景）或倒挂下垂（悬崖式盆景）的根部姿态以侧露为佳；而提根式盆景的树干宜曲不宜直。

（2）主干造型　树桩盆景的主干可直可曲，具体要视植株的造型形式而定。一般情况下，除直干式盆景外，其他式样盆景的主干都需要不同程度的弯曲，或斜、或卧、或倒挂、或蟠曲，姿态各异。

"曲折有致、刚柔相济"是盆景主干造型的总体要求。"曲折有致"是指盆景主干弯曲自然，比例适度，方寸不乱；"刚柔相济"是指主干弯曲要富于变化，忌刻板雷同，千篇一律。主干挺直，展现盆景柔媚秀气；主干弯曲角度小（呈弧状），体现盆景娇柔婀娜之美；主干弯曲角度大（呈锐角回转之势），则表现出盆景刚劲有力之态。

（3）枝干造型　盆景的枝干主要由侧枝、后枝和遮干枝组成。从盆景正观赏面看，侧枝一般在主干弯曲的顶部伸出，外展构成树形，表现苍劲有力的自然树态面貌；后枝与遮干枝常在主干弯曲的途中落位，布局巧妙，穿插自然，起到"藏"与"隐"等点缀和修补作用。

枝的造型由枝的外展方向和曲直来决定，其表现形式有上升、下垂、挺直、横生、蟠曲和横生，姿态多变，各有特色，对盆景的整体造型也有着重要影响。枝的造型要求前后错落，层次分明，避免重叠落位，以体现"露中有藏"的艺术表现形式。造型时，通常侧枝最长，后枝次之，遮干枝最短。

（4）树冠的造型　树桩盆景中，树冠的造型姿态因树形的变化而变化。半圆冠（扇形冠）适用于大多数矮壮大树冠形；尖形冠常见于直干式盆景；回头冠通过干的纵向与冠枝的横向反差对比，神采飞扬，多用于树干弯曲急转和风吹式盆景；平顶冠的树梢枝条呈水平弯曲，主要用于松、柏及小叶树种；枯梢冠的树梢呈枯枝状，宛如刺破青天锷未残，下部枝繁叶茂、生机盎然、枯荣相照、对比强烈，多用于舍利干式盆景。

（5）叶的造型　叶的颜色、形态和大小是辨别不同树种的重要标志。叶与枝相结合可以创作出"云片""圆片"等造型，从而增加树体的层次感，使树体形象更加完美。但忌"云片""圆片"过密，过密则繁。

**3. 树桩盆景的创作步骤**　树桩盆景的创作主要由桩景材料准备、桩景设计和制作技艺三步完成。

（1）桩景材料准备　树桩盆景根据树木取材不同分为"树景"和"桩景"两类。树景是以人工繁育的幼树为创作材料，经过长期的艺术加工而成的盆景；桩景是指来自山野，采集那些经过多年樵伐或者由于其他自然原因影响而形成的古树桩、怪树桩、枯树桩，经过短时间培养而制作形成的盆景。

（2）桩景设计　又称艺术构思。其内容主要包括平面经营、总体造型设计、枝片布局、结顶形式、露根处理、盆面装饰，以及景、盆、架的配置等。

（3）制作技艺　桩景创作的基本技艺包括一扎、二剪、三雕、四提、五上盆，即蟠扎技艺、修剪技艺、雕干技艺、提根技艺和上盆技艺。

**4. 常见树桩盆景的设计途径**　用于树桩盆景创作的植物材料由野外挖掘和人工繁育两种途径获得。因此，树桩盆景的设计途径也存在两个，即野外采桩的以形赋意设计和人工培育小苗的意在笔先设计。

（1）以形赋意　野外挖掘的树桩枝干已经固定，似有天成地就的感觉，不适宜做大的改变，只能在原有形态的基础上赋以意境，因材设计，略加改造、修饰，改造的幅度或大或小。如川派的"老妇梳妆"就是以山野老桩为基础，加以修饰、美化创作而成。

（2）意在笔先　人工自幼培育的苗木，主干细软，枝条轻柔丰满，通常适宜进行各种姿态的整形加工，犹如在一张白纸上随意勾画最新最美的图画。观叶植物侧重于造型，观花、观果植物除造型外，还着重于花艳果繁。

## 【任务实践】

### 实践一　直干式盆景制作（以榆树为例）

**1. 使用工具**

（1）材料　多年生榆树 1 棵，泥盆、陶盆各 1 个，金属丝（铁丝）若干等。

（2）工具　铁钎（平头）、筛子、枝剪、老虎钳等。

**2. 操作步骤**

（1）选取植物材料　直干式盆景是指树干通直或略有弯曲，枝条分生横出，疏密有致，层次分明，表现挺拔强劲、巍然耸立、古木参天的树资神韵。适用于制作直干式盆景的植物材料应具有下列特征：根盘完美；隆基粗犷，直立；树干粗细适中；树干侧面布满树枝。

（2）观察与平面经营　对现有材料进行仔细观察，初步勾勒出未来盆景的雏形。直干式盆景的创作要把握好树干的高度及弯曲度，主干宜直，不宜弯，或以直为主略有弯曲，幼树生长期树干略有弯曲时，以金属丝蟠扎即可恢复笔直。主干应鲜明突出，上细下粗，过渡自然匀称。主枝应依一定的规则加以分配，愈往下方应愈粗、愈长，两枝之间的距离以愈上位愈狭窄。第一主枝（由下往上的第一个枝托）不宜过低，使主干底部袒露，且稍向前偏；第二枝向第一枝相反方向延伸，以求平稳性；第三枝置于后方，以此展现深度；第四枝位置分配如前所述，下枝近于水平，呈稍稍下垂，越居上位，倾斜度越大，这在幼枝的表现上极具份量，且让人产生美感。主枝的下垂度，则因树种的差异而有所区别。根盘以放射状为佳，从而衬托树木的高耸、稳健。树木造型与树干的粗细及主枝的配置密切相关，追求沉稳雄伟、高耸挺拔、清秀飘逸。

（3）起苗、假植　选择 3～4 年生地栽的健壮小叶榆苗木，早春季节掘起，剪除长根，必要时可用金属丝稍加蟠扎，使其根系呈放射状展开；同时剪除主干、主根，留取不定根、须根，栽植时用一扁平物垫在根的底部，抑制根系向下生长，迫使根系水平生长。翌年榆树萌芽期，将假植根部堆土铲除，裸露根基，拆除根部的蟠扎物，重新覆土。

（4）修剪枝叶，蟠扎定型　根据平面经营的构思与要求，固定树体主干，同时对主干上的侧枝进行定位修剪，及时抹除主干上萌生的新芽，促进侧枝上的新枝形成、生长，用金属丝蟠扎侧枝上新发枝条，将树体蟠扎成需要的型体，秋季落叶后进行一次重修剪。第三年，将假植的植株移植到泥盆中养护管理，春季、秋季可对长枝进行缩剪，同时加强肥水管理。

（5）脱盆踢土，修整根系　第四年，早春季节将泥盆中的植株上盆观赏。脱盆时先拍打泥盆的外壁，震动盆钵内的土壤，使盆土与盆钵脱离。脱盆时也可用大拇指按压盆钵底部中央排水孔内垫支的瓦片，缓慢取出植物材料。脱盆后，保留植株根系的护心土，剔除植株根系的外沿土壤，用枝剪修整植株的根系，去除老化、遭受病虫害及冗余的根系。

（6）栽植植株　栽植植株时，用碎瓦片填塞盆钵底部的排水孔，装填过筛的粗粒土至盆钵深度的 1/3 处，根据前期构思的要求，将植株的根系捋顺铺开，并栽植在盆钵的适当位置。盆钵中部植株根系的间隙填放中粒土壤，最后放入细粒土壤，培土时一边放土，一边用木棍捣实，使根系与土壤紧密接触；盆钵顶部留出 2～3cm 的蓄水空间，以备浇水之用。树木栽种深浅根据造型需要，通常将根部稍露出土面即可。

（7）浇水　植株栽种后应及时浇水。新栽植的土壤较松，以细喷壶喷水为宜。首次浇水应充分，以盆钵底部排水孔流水为宜。而后将植株置于背风半阴处，适时向植株喷水，维持植株体内水分平衡，植株萌生新根后转入正常管理。

（8）盆景命名　根据立意给盆景起个雅俗共赏的名字。

**3. 检查**

（1）盆钵底部中央的排水孔是否填塞？盆钵的蓄水空间是否合适？

（2）盆景作品树型结构、枝片布局是否符合平面经营的要求？

**实践二　丛林式盆景制作**

**1. 材料工具**

（1）材料　金钱松 9 棵，浅盆 1 个，苔藓、配件若干。

（2）工具　铁锹、筛子、操作台、毛刷、枝剪等。

**2. 操作步骤**

（1）观察选取盆景材料　植物材料要求姿态自然、格调统一。不要求每一棵树木均十全十美，而要求有粗有细、有高有矮、有大有小。最好选择盆栽树苗。丛林式常用的树种有五针松、金钱松、桧柏、榆树、榉、朴树、满天星、六月雪、三角枫、柽柳、银杏、水杉、石榴、虎刺等，以这些树种表现单一树种（树种的统一和谐）的丛林，是一般最常见的，而且最能显示出丛林野趣。如果用两个树种相结合，一定选用枝叶形态相近的树种（两个树种外观尽可能地相似），同时两种树必须以一种为主体，另一种做陪衬。有时为了突出盆景的意境，也可由多个树种组成复合的混交丛林。如用一棵五针松做主体，另一侧配上几株梅花，在树下再栽上矮小的竹丛，则可体现"岁寒三友"的意境。一般来讲，近景树木疏密、大小差异较大，远景差异较小。

丛林式表现的景观较为宽阔，宜选择盆口面较大的盆钵。形状以长方形、椭圆形为佳，盆钵宜浅，不宜深，浅盆形体美，有助于表现景观的开阔和深远。盆钵的颜色与所用树木和石料协调。可用浅型紫砂陶盆、釉面盆，也可用汉白玉大理石盆。

（2）脱盆剔土、修剪根系　脱盆时可把盆翻过来，用手拍打盆底或用拇指从排水孔中用力向下推，使树木连根带土全部倒出。或者将盆沿轻磕一下连树带土倒出。如果倒不出，也可用花铲先剔除盆内部分宿土再倒。

将选好的树木从盆中脱出，用竹签细心剔除部分泥土，使之便于安放新的观赏盆。遇到妨碍拼配栽植的根系，在不影响成活的情况下，可适当修剪，而妨碍栽植，但又不宜剪除的，可用棕丝或金属丝蟠扎弯曲后，再植入盆中。

（3）平面经营（树木布局）　丛林盆景的客体树在景的构造中仅仅次于主体地位，它们的体量大小、高低位置都次于主体，它们与主体树相呼应或连成一体构成丛林景观。客体树在丛林景的结构中均受到主体树的制约，其高度、大小、伸枝长短均得服丛于主体树的要求。客体树对主体树主要起到陪衬、呼应均衡作用，无论在两干、三干或多干丛林盆景的布局中均得客随主变，主客照应。当然客体树也不等于客景，道理与主体树不等于主景一样。

客体树和衬体树，其体量一般较小。它在丛林盆景造景中的作用是为了烘托主景，渲染气氛，充实细部，完善构图。衬体树与主、客体树是附属依存的关系，它的形态更要受到主、客体树的约束。无论大小、数量、位置、枝展幅度都不得喧宾夺主，否则将破坏整个丛林景观画面的均衡统一，使盆景构图杂乱无章。

品相好的一本多干，本应硕大，变化复杂，高度适中。干应向四周分布均匀、前后、高低、左右位置穿插错落，距离合理，争让得体，有主有从，透视关系好，且有纵深感、立体感。树在画面的立体位置不掩盖重叠，便于立意造型、构图出景。枝干有弯曲、穿插，有纵深横直配合，而且有根的表达为最佳（图1-2）。

一本多干由于干数多，干与干之间空间相对较小，造型可用简洁写意的枝条处理手法，力求枝条的位置关系布局好，粗细与树干的尖削度过渡比例适当。树干传统要求多取奇数，有利于布局配合。

设计时先放在一边试排，确定主宾、高矮、藏露、疏密，最后确定理想的布局。如布局为两组，以一组为主，相对来说要高大一些；另一组为辅，要低矮。以大小、高低确定主次、位置，可一组稍近，一组稍远。如三组者应两组稍近，一组较远。在平面上位置要摆适当，切忌不可成直线或等边三角形。树木也不要等距离栽植，要有疏有密，大小主次分明，参差起伏，近大远小，彼此呼应。栽植时还要注意自然的真实性，如林边树，多偏冠，阳性树高，阴性树较矮，灌木丛应在乔木下栽植等。栽后培土时，要使表面有高有低，地形要有起有伏，切忌一样平坦，否则失去了自然景观。丛林式盆景还可制作成小桥流水、草地湖泊，也可适当配置亭、台、楼、阁等丰富多彩的内容和各不相同的意境。

（4）枝叶修剪和树体栽植　修剪枝叶布局确定之后，应根据构图要求，对各株树木逐一进行修剪整理。剪去病虫枝及影响整体效果的枝条、重叠的枝条、过密的枝条和过多的叶片等，删繁就简，以达到画面清晰、节奏鲜明的艺术效果。树体栽植前浅盆用铁丝、塑料网片或树叶；深盆用碎瓦片叠放填塞盆底出水孔。浅盆栽植大树时，要首先用金属丝穿过盆底孔固定树根于盆钵之间，避免因盆浅导致树木摇动影响成活。栽植时下层用大粒土（如泥炭），中部用中粒土，上部用小粒土。盆土与树木根系要充分接触、压紧，以确保成活。栽植过程中可用木棍捣压盆土，使盆土和根系接触紧密，避免根系悬空。

（5）点缀石头、配件与铺苔　点缀山石能使丛林式盆景增添山林野趣，使画面更为生动。选用的石种与形状，要与盆内树木的气韵相通，从而渲染特定的环境气氛，山石的位置要点缀得合理，树石相映成趣，使盆景意境更为深邃。山石点缀后，还可根据需要在土面布置青苔。树石之间的青苔犹如绿茵茵的草地，不仅使盆景增添生机，也使景色显得更加和谐自然。

丛林盆景中安放人物、舟楫、建筑、动物等配件，可以丰富盆景意境，突出主题，起到画龙点睛的作用。配件的大小要合乎比例，安放的位置要相宜，配件的数量宜少、宜精，不宜多，不能画蛇添足，也不能喧宾夺主。

（6）浇水养护　浇水新完成的盆景，要用细喷壶连树带盆进行喷淋，直至盆土完全湿透水（排水孔中有水流出或者把栽植好植物材料的盆钵放在水中直至不再有气泡冒出即可）。这样做，可以让新栽树木的根系与土壤紧密结合，有利于成活，同时也对整个盆景进行了清洗。

（7）盆景命名

**3. 检查**

（1）检查操作过程是否规范。

（2）检查配件和点石的数量是否过多。

实践三 枯艺盆景制作

**1. 材料工具**

（1）材料 檵木1棵，盆景盆1个。

（2）工具 铁锹、筛子、刻刀、毛刷、枝剪、操作台等。

**2. 操作步骤**

（1）选材 枯艺盆景多选取山野挖掘的松柏类及杂木类的檵木、雀梅、野梅等为创作材料，采用人工雕刻和借助自然朽烂"就汤下面"等方法进行创作。刚翻盘换土的盆栽植株的生理生化机能尚未完全恢复，不宜进行枯艺盆景创作；幼龄植株木质部不够坚硬，容易腐坏，宜盆栽养护三五年后再进行创作。

（2）选定树的观赏面 在桩景创作中正观赏面的确定是非常重要的，一般确认正观赏面的有以下3条原则：

①根盘、干左右宽面优先的原则，即为正观赏面。

②干弯曲变化最明显内侧的原则。

③树顶前倾的原则。在舍利干创作中，正观赏面一定要能看到吸水线，并使其蜿蜒缠绕着白色舍利扭转变化。避免正观赏面全是舍利，而导致的缺乏生机的感觉。

（3）构思设计神枝与舍利干 设计时要注意树干的软硬程度、韧性、弹性和树种及主干的粗细。因此，选择何枝作为神枝，干的哪一部分作为舍利干，要反复思考，构思好整体调和的形态及长短，并留下树木本来的木纹，尽量模仿自然，切忌草率下手。吸水线的位置将严重影响树姿将来的发展。构图时可先考虑吸水线的方向在何处，以何种角度扭转，然后用粉笔在树体上划线，然后观察整体效果，确定出设计方案。

（4）划刻吸水线 剥皮创作吸水线，应选择树势强健的材料，以3～5月进行为宜，此时树液流动活跃，切口较易愈合隆起。操作时要先用利刃把吸水线画清楚，刀口要平滑。有时为了显现吸水线的层次感，可在一开始留稍宽些，隆起后再修小，最后剥掉树皮。注意不要只留一条吸水线，否则时间一久，吸水线长圆变粗，会与舍利干脱离开来，所以吸水线最好能留2条以上。如果留2条，位置应在干正面左右略向前的部位，这样树干正面才会继续长粗；如果留3条，1条应在干后面，呈斜三角形。吸水线切忌做横向回转，否则不仅违反自然规律,有碍观瞻,还影响植株的生长发育。

(5) 制作神枝与舍利干 为表现神枝的形态优美、格调自然,神枝的长短、粗细、角度、形状应有变化。制作神枝要尽量选择分叉较多的树体,可先将枝梢剪去,然后再用刀或钳铗削至木质部,把枝梢削尖,彻底去掉树皮,并加以雕刻,力求自然。或选取野外枯烂檵木树材,先锯剪多余的枝、根,再用钢丝刷反复拉擦腐朽的木质部,使枯干部不朽、不烂,坚硬如铁。

(6) 神枝和舍利的雕刻 神枝和舍利的雕刻分为粗雕、完全雕、细磨三个阶段。雕刻以冬季树液流动缓慢期进行为宜,应避开炎热的夏季,以免影响植株树势。雕刻时,线条按照木质纤维流动,尽可能留住坚硬的褐色木质,在白色松软的部分进行作业。首先进行粗雕,即用锯、凿、锥先进行挖洞、剪裁和做粗沟线等。然后进行完全雕,即利用电动工具加以修饰、挖小洞、做细沟线等。最后进行细磨,即用砂纸把雕刻后的表现磨平、磨光,消除人工痕迹,保持自然木的美态,也可选用小规格喷沙机进行细磨。雕刻后,应多喷叶面水,并置于阴凉处。

(7) 养护神枝、舍利干

①春秋季节两次清洁表面,防霉变和腐烂。

②保持表面干燥。

③涂药保养:先用快干胶涂抹表面,增加其硬度,防止水分渗透,再涂上PCP剂、石硫合剂或水性水泥漆。

(8) 上盆铺苔。

(9) 点缀石头或配件。

(10) 浇水。

(11) 盆景命名。

**3. 检查**

(1) 检查神枝和舍利干雕刻是否符合要求。

(2) 检查安放配件和点石的数量是否过多。

(3) 苔藓的铺设是否光滑平整。

**实践四 提根式盆景制作**(以南天竹为例)

**1. 材料工具**

(1) 材料 南天竹1棵,紫砂盆1个。

(2) 工具 铁锹、筛子、枝剪、操作台等。

**2. 操作步骤**

(1) 选材 制作一盆悬根露爪、盘根错节、根爪韵味极浓的提根式南天竹盆景,首先选择能提根的优良南天竹桩材,枝的长短、叶的数量及整体的编排都因桩看根设计，选桩时应注意：整个桩材的高度不低于 30cm，根、干两部分的长度比应为 2：1。根若过短难以显示其强劲有力的爪根效果；要有至少 5～7 根以上的蟠曲有力根爪，根爪太少则显得单调，成型后桩姿也显得不稳，空虚无力；根爪间距开合适度，既不能过拢，也不可太向外扩张，要紧凑得体、分布协调，又不显得松散；桩材最好是能向一边倾斜、稍有屈曲变化，以便在后期制作时增强画面动势感及变化力度；桩材的粗度，最好不要大于根爪范围，避免给人头重脚轻的感觉；反之，容易形成头小身大，桩势显得比例失调，因此应尽量把握各部位的比例匀称自然。

（2）创面处理　栽植前将桩材的所有破口修剪光滑，涂抹或浸泡杀菌剂和生根激素，防止细菌感染腐烂，利于伤口愈合，早发新根。将观赏面修剪平齐，既有利于栽种，又便于后期提根上观赏盆能够稳定。处理后，视其新鲜程度，适当的置于水中浸泡一段时间，以弥补采挖及运输过程中所示水分。

（3）根系蟠扎　人工繁殖材料自幼就应该根据徒造型进行根部处理。如播种苗要切断主根促进侧根生长，横向伸展，以适应今后在较浅的盆内栽培。将根部盘曲，再用金属丝扎缚固定后，栽于土中，以后铁丝锈蚀，树根形态也就盘曲不变了。也可根据需要将树根用金属丝固定在薄木板上，再连木板一起栽在土中，1～2 年以后粗根已向四周伸展浅根，此时可栽于只有 1～2cm 深的浅盆中。

（4）上盆　选取较深的瓦盆栽种，营养土以 3 份稻糠灰＋3 份粗沙＋4 份头年的菊花土，混合拌匀。瓦盆底部垫瓦片堵塞排水孔，放置一层粗沙，上面装填约 5cm 的混合土，放好桩材，一边填土，一边用手轻轻按压结实，使土与根系紧密贴实，埋土至桩根与茎的分界处为止。浇透定根水，置于阴凉通风处，用稍大点的塑料袋罩起，不要经常搬动，以防碰松桩材，甚至拉断新根。

（5）摘袋　南天竹易成活，萌芽力强，栽种半个月后即可发芽，当新芽长至 6cm 时，应稍微打开袋口，使其慢慢适应外界环境，尽可能让其多接受光照，以叶片不发生萎蔫为准，以增强叶片的光合作用功能，使新生根进一步发达强壮。只要嫩枝叶在阳光直射下半天不发生萎蔫即可摘除袋子，进行正常护理，否则应继续罩袋养护。

（6）提根　提根栽培方法主要有 3 种。①掏土法。当枝条长至 10cm 以上时，可视枝条数量及所处位置适当地疏去部分弱小无用的枝芽。每半个月浇一次低浓度饼肥水，同时开始除土露根，隔一个月掏土一次，每一次掏土不要过多，掏土原则：一不伤根，二不影响正常生长。尽量掏盆边土，护根的土可在平时浇水时逐步冲刷掉。露出的裸根控制在原桩材根长的 1/2～2/3 为宜，掏土的目的是逼其新根逐步向盆底层土壤生长，防止老根的中上部根系过于发达，而根末梢却没有须根的现象出现。②换盆法。每换一次盆，提一次根。③拆套法：树桩盆景栽培时，盆上面安放金属套环，通过逐渐去掉套环提根。

（7）换盆　养护至翌年春季，选取深度较浅的长槽形或椭圆形盆，将养护好的植株栽植于欣赏盆中。

（8）浇水　南天竹喜湿润环境，但也怕积水。盆栽时应稍干就浇，浇则浇透。

**3. 检查**

（1）检查提根式盆景的根系处理是否符合要求。

（2）检查安放配件和点石的数量是否过多。

### 实践五　风吹式盆景制作（以榔榆为例）

**1. 材料工具**

（1）材料　榔榆1棵，紫砂盆1个。

（2）工具　铁锹、筛子、枝剪、操作台等。

**2. 操作步骤**

（1）树桩处理　风吹式盆景是山野树木搏击狂风在咫尺盆盎中的艺术再现，是桩景艺术静中求动的一种静态动势造型，自然和谐，无声胜有声，有很强的艺术性。制作风吹式盆景可用主干高耸的山野挖掘的榔榆树桩，也可用播种培育的健壮树苗，根据根、干、枝的自然条件，因材处理，即确定观赏面（正面），留足造型枝，截除多余枝。若制作枝叶向左侧倾伸的逆风式桩景，树干（主干）向右倾斜。根部右侧尽量截短一些，左侧留长一些，增加视觉的稳固感。

（2）造型构思　风吹式桩景的制作，提倡先构思后加工，忌漫无目的的左拐右曲。风吹式桩景的造型，关键是在"风吹"二字上下工夫，只有抓住逆枝和偏冠的造型特征，风吹的劲势才能表现的淋漓尽致。风吹式盆景的动感是通过"风吹枝"伸展表现而来，"风吹枝"是指经过人工有意模仿自然界里风吹感觉的造型枝。利用枝斜飘的方向，打破整体重心，使主体失去平衡而增强动感，从而突出"虽有人做，婉如天开"的风吹景象，并以"动"贯穿画面，逆风式的单干高耸型设计图，要求树干逆风飘斜，风流潇洒。

（3）创作风吹式树形骨架　首先，年内完成树形骨架。设计蓝图确定后，在年内可进行树干、树枝蟠扎，修剪整形，完成风吹式的树形骨架。根据蓝图选择干上的造型枝，图1-3b是高耸风吹式桩景，其造型枝应选取主干上半部分的枝，把下半部分的枝和其他多余的枝截除（图1-3c）。枝截剪后，对干、枝进行蟠扎造型。用适当型号的铁丝缠绕干、枝，若主干倾向右方，铁丝顺时针方向缠绕，缠绕角度以45°为宜；如主干向左方倾斜，则应逆时针方向缠绕（图1-3d）。逆枝应在树干上充分伸展后再逆转，从而增加其动势。所有逆枝应保持平行，不得高低杂乱（图1-3e）。偏冠即树冠打破一般树形的均衡布局，使树冠的枝叶明显向一侧倾斜，以配合逆枝增强其风吹的动势，实际上把冠当作逆枝"云片"制作（图1-3f）。一般一年内即可完成一盆理想的风吹式树形骨架（图1-3g）。

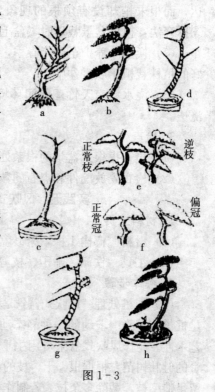

图1-3

其次，两年内完成"云片"。2～3年内，主要拆除整形的金属丝，进行小枝修剪，蓄养成"云片"。"云片"形状呈前尖后圆似椭圆状，中间略凸起，周围略倾斜。所有"云片"方向一致，"云片"与"云片"上下之间保持距离平行。待"云片"成型后即可上细盆。

（4）上盆修饰　风吹式桩景成型后，上于椭圆型或长方型紫砂盆内，如逆风式逆枝向左倾斜，树桩植于盆右面，不使逆枝飘于盆外，失去重心。左面留有一定的空间，进行设石或摆件点缀，可丰富盆面景观，提高盆景艺术的观赏价值。

## 【关键问题】

### 1. 蟠扎时期和主干的弯曲方法

落叶树一般认为以秋季落叶后至次年萌芽前为宜。特别是在冬季整形修剪结束以后进行，此时树上枝条看得清楚，操作比较容易。但缺点是枝条已经完全木质化，相对较硬、较脆，易折伤或折断，不易一次成形。

针叶树的蟠扎时间以秋季枝条木质化以后（9月份）至次年萌芽前。但也有人认为，蟠扎应以夏、秋季树木枝条基本木质化以后进行为宜，因为，此时枝条相对较软，易于蟠扎，成形容易。到目前为止究竟何时蟠扎时间最佳，还有争议。但有一点是肯定的，即一般不在春夏季蟠扎。因为此时枝条较嫩，易于受伤。

较粗的主干，在弯曲时首先用麻皮包扎树干，并在树干弯曲处的外侧先衬入一条麻筋，增强树干的韧度，以防扎断。如果树干太粗，也可在内纵向开一个槽，深达木质部2/3以上，再用麻皮捆扎。

**2. 蟠扎步骤**

（1）退火

目的：增加韧性，使铁丝变得柔软；除去金属光泽。

方法：放在火中烧一烧，到冒蓝色火苗为止。

（2）确定金属丝长度、粗度　粗度一般根据主干、主枝粗度，选择8～14＃铁丝，常用12＃。截取长度一般为主干高度或主枝长度的1.5倍。

（3）缠麻皮或书纸保护　蟠扎前一般须先用麻皮或书纸或尼龙捆带包扎枝干，防止金属丝勒伤。

（4）金属丝固定　将金属丝的一端插入花盆的土壤中，直达盆底固定，或者缠在根颈与粗根的交界处固定。

（5）缠绕　一般将金属丝与树干成45°角进行缠绕，向右扭旋弯曲应顺时针缠绕。向左弯曲时应逆时针缠绕。缠绕时金属贴紧树皮，由下到上，一直到顶。角度大时缠绕的圈太稀，力度不够达不到造型的要求；角度太大时缠绕的圈太密变成"铁树"。

（6）拿弯　缠绕好以后，按照设计方案用双手，经过多次缓慢扭动，使主干成形，为了防止金属丝去掉以后角度减小，在弯曲时还应加大1/5。有时由于树干较粗一次不能成形，则须经过多次弯曲，此时每次弯曲的程度不易过大，这个过程叫做练干；否则，如不练干，一开始就用力扭曲容易导致折断。

一般蟠扎后，主干需要经过4～5年、侧枝需要经过2～3年才能定形，但在定型以前还要根据生长情况及时松绑，一般需要每年松绑一次，否则金属丝易嵌入皮层或木质部导致树木死亡。

**3. 丛林式盆景栽培造型四忌**

（1）忌一刀切　丛林式盆景所选用的植物材料一般为小叶灌木，如金钱松、雀梅、六月雪等，上盆栽植时，应做到植株大小、高低、粗细选配得当，力求变化多样如植株大小相似、高矮相近，势必造成植物景观呆板，缺少生气，"野趣"更无从谈起。

（2）忌密不透风　丛林式盆景所展现的是山野丛林之风姿，栽植树桩应有进有退、有让有揖，空间疏密变化统一，有针插不进之紧凑感，有跑马行舟之空旷感，在构图上产生起伏变化，形成艺术魅力十足的盆景景观。

（3）忌深盆大皿　丛林式盆景表现丛林野趣、旷野风光，盆钵太深会因体量大而显得笨重臃肿，而且盆深，树就显得小，所展现的空间也相对狭小；盆浅，则树显得高大，空间相对空旷，给人以深远的视觉效果。选用浅盆创作丛林式盆景，还可堆起高低起伏的微地形，配以山石、配件，画面更为生动活泼。

（4）忌不修剪　丛林式盆景是数株树木组合在一起，形成一个可供欣赏的艺术整体。这些树木除了要求本身姿态自然，更在于树与树之间格调统一，间隙协调变化，形成完整的构图画面。丛林式盆景所选植物多为速生树种，萌生能力强，长时间不修剪就会枝权横生，只有适时修剪才能保证盆景的观赏价值。

## 【思考与讨论】

1. 简述丛林式盆景的创作过程。
2. 如何布局枯艺盆景的神枝与舍利干？

## 【知识拓展】

**1. 枝片布局设计**　也称之为树木盆景的片层设计，只有通过片层分布的艺术，才能使整个树形活跃起来，真正成为活的艺术品。树木盆景内涵的意境深度与风韵神采，主要靠枝片的设计表现出来。所以片层设计在树木盆景的设计中占有相当重要的位置。

一般片层设计主要从以下 5 个方面进行：

（1）片数　树木盆景的枝片设计一般以奇数为多，很少用偶数，根据树木的大小常用的有 3、5、7 片为多。如果枝片过多则显得繁、闹，枝片过少则显得简、洁。

（2）片层间距、比重、倾斜度　片层布局一般是下疏上密，下宽上窄，似太极推手，彼来此去。枝片方向有斜、平、垂 3 种，其意境分别为：斜者如壮士奔驰，富于动势；平者，平静庄重显得温和；垂者犹如寿星披发，老态龙钟。

（3）第一枝片的位置

拟作高耸型者：第一主枝的选留高度宜在树高的 1/3 以上，并且利用高枝下垂犹如醉翁欲仙，干貌清远，风范高逸。

拟作匍地型者：冠部压低，层层横出，气势溢出盆外。

拟作宝塔型者：枝片宜等腰三角形布局，分枝点宜在树高 1/3 以下，否则过高导致产生头重脚轻之弊。

（4）片层的平面和空间布局　自然、刚柔、横向跨度或长或短，或顺势或逆势。

（5）局部的疏密、虚实、藏露、照应关系　把握住树木盆景的势态重心，按意境要求合理布局。

**2. 金属丝蟠扎和棕丝蟠扎技艺的比较**

材料来源：金属丝南北均有，棕丝只有南方才有（就地取材），北方难以取得，所以棕丝在北方使用具有一定的局限性。

使用效果：金属丝操作简便易行，造型效果快，能一次成形；而棕丝造型操作比较复杂，费时间，造型效果慢。

缺点：金属丝易生锈，易损伤树皮，夏天金属丝易吸热灼伤树皮，尤其对落叶树，由于树皮薄更易产生，导致枝条枯死。而棕丝不产生此效应。在金属丝中以铜丝效果最好，其次是铝丝，最后是铁丝。但前者材料比较昂贵，不易得到，影响使用；后者韧性差，金属光泽明显，不协调。所以生产上为了克服以上缺点，通常对金属丝做一些特殊的处理。

**3. 枯艺盆景苗木苍老技术**　盆景缩龙成寸、以小见大是盆景艺术最突出、最显著、最基本的特点。所以应用苗木进行盆景创作时，必须在其幼龄阶段加以微缩和促进其苍老。对于枯艺盆景来讲，这一点是区别盆景与普通树木的主要标志，也是衡量盆景艺术价值高低的最基本的标准之一。

所谓缩龙成寸、以小见大，即是在盆盎这个有限的空间内，表现出参天大树、苍老古木（单干、双干、三干）或咫尺山林（丛林式、连根式、水旱式）的自然景观，呈现出或高大挺拔、或古掘苍劲、或气势宏大的艺术效果。

（1）物理苍老法

①纵伤

目的：是为了让一个比较细弱的枝在短期内长得更粗大。

方法：用利刃在枝干上纵切至木质部。

原理：消除皮层对粗生长的紧绷状态，刺激愈伤组织形成，达到加粗生长的目的。

②夹皮

目的：为了比较细弱的枝在短期内长得更粗大；干皮变得更粗糙显得晚苍老。

方法：在纵伤的基础上，用利刃撬起树皮，最后再压紧。

③打马眼　马眼指的是树干或桩头上凸起的稔棱。使树木显得老辣雄浑。

方法：用手捶在树干上打击，力量以达到刺激到皮层为宜，不要打破皮层。

物理造伤在具体应用时要多种方法结合使用效果才会最好，如果应用过程中再加上生长调节物质的处理，作用会更大。如小榆树盆景用250mg/L IBA可明显促进枝干增粗；元宝槭用纵伤、夹皮、IBA 1 000mg/L对干基增粗效果明显。

具体应用时应注意的问题：纵伤与夹皮处理后，干基部的尖削度加大，干皮颜色黯淡，呈龟裂状凹凸不平，裸露的部分出现部分干枯或伤痕累累，疮痂满布，给人世间种苍老的感觉。但在对干基进行夹皮时，特别要注意包扎材料与时间，一般最好用浸油的木浆纸较好，如果没有，也可用塑料纸代替，并且包扎时间不得超过 10 天，否则易出现因缺氧导致树皮死亡。也可用麻绳粗捆扎以后连盆埋入通气良好的沙土中，但注意不要灌水。

夹皮处理只适宜于皮层厚、韧性比较好的树种，对于皮层薄、硬脆的树种不宜使用。否则易导致树体脱皮死亡。

在进行干基部处理时应注意方法与力度，最好不用纵伤，因为纵伤的效果人为化程度比较高。如果真的要用，要注意视线在下部或在纵伤时采用斜向处理、间断处理，让线条更流畅一些、自然一些。

单一苍古技术效果不够理想，应用时必须配合植物激素进行处理，如使用 BA、NAA、IAA、IBA 来达到促进愈伤组织形成，实现增粗的目的。具体使用浓度为 $50 \sim 500 \mathrm{mg/L}$。

（2）化学方法　也就是指应用生长抑制剂，来实现控制盆景树木生长，达到苍老目的的一种方法。使用生长抑制剂以后，最主要的表现就是枝叶变小，节间缩短，观赏价值提高。常用的生长抑制剂主要有 15％的多效唑、B9、缩节胺、矮壮素等，但应用最多的是多效唑和 B9。

多效唑一般地栽苗木使用浓度为 15％多效唑 $150 \sim 300$ 倍，或土壤施用每平方米树冠 $1 \sim 2 \mathrm{g}$；盆景树木使用 $1\,000 \sim 1\,500$ 倍，土壤施用每平方米树冠 $0.2 \sim 1 \mathrm{g}$。B9 一般只作叶面喷施，常用剂量为 $500 \sim 1\,000 \mathrm{mg/L}$。

但无论使用何种生长调节物质，原则上应该少量多次，坚决杜绝一次用量过大造成树体抑制过度，影响盆景生长发育。一旦发现用量偏大，应该立即用赤霉素拮抗。

（3）其他方法

①修剪致老术　为了使盆景树木古老苍劲，通常可以通过选择较为粗大的胚料，通过修剪，改变枝干叶的比例，达到树干粗壮，枝细叶小（中间粗度的枝尽量要少，形成大的尖削度）的苍古姿态；或者通过蟠虬结顶、做片，使树体虬曲顿挫，造成自然老树的形态。

②其他栽培技术　主要有控制水肥的使用，特别是减少灌水效果比较理想。再一种方法就是连续摘心使树体致矮，枝叶更浓密，提高观赏价值。但是无论何种苍老技术，单独使用效果均不理想，必须多种技术配套使用效果才会更为突出。况且目前该方面的研究还是刚刚起步阶段，还没有成熟的全套技术方案，对于不同的材料间更是处于试验研究阶段，所以在具体使用时必须本着宁轻勿重的原则。

# 任务三　山水盆景创作

## 【观察】

图 1-4　山水盆景

对现有石料进行认真地观察、细心地审度，并按照美学原则（形式美法则、意境美法则）进行石料筛选和艺术构思（图 1-4）。

## 【知识点】

**1. 基本概念**　山水盆景主要表现人类生活环境中的自然景象，是自然界山水景观的再现。它的创作过程是在立意构思的基础上，通过选择适当的石料，再根据造型规律艺术的组合布置加工而成。

**2. 山水盆景的分类**　山水盆景根据盆面展现的不同情况及造景特点做进一步的分类，通常可分为水石盆景、旱石盆景和挂壁盆景三种类型。

（1）水石盆景　盆中以山石为主体，盆面除去山石，其余部分均为水面。山石置于水中，盆面表现峰、岳、岭、崖等各种山景及江、河、湖、海等水景为主，盆面无土，在峰峦缝隙或洞穴内放置培养土，以栽种植物，土面上铺上青苔，不露土壤痕迹。再适当点缀亭、桥、舟、房屋、人物、动物等配件。

水石盆景的管理较为方便，山石上栽种的草木一般都很小，价格也较为低廉若管理不当枯死，还可重新栽种；山石上也可不栽种草木，置于室内观赏。

水石盆景用盆一般为浅口大理石或汉白玉盆，欣赏时可以从山峰的坡脚逐渐至峰巅，增加欣赏效果。

（2）旱石盆景　盆中以山石为主体，盆面除去山石，其余部分为土面或砂。山石置于土中或砂中表现无水的山景。植物可以种植在山隙间或盆面土壤内，盆面一般铺上青苔。再根据主题需要点缀人物、动物、屋舍等配件。适宜于表现大地与山峰共存的山景，还可表现牛羊成群、广阔无垠的草原，以及驼铃声声、令人神往的沙漠景观。

旱石盆景的管理要注意经常朝盆面喷水，以保持盆土湿润，使植物和苔藓生长良好，绿意盎然才有真实感。

旱石盆景用盆一般以较浅的大理石或汉白玉盆为好，浅盆可使山峰无比雄伟壮观，大地更加广袤无垠。堆土时要注意地形变化，做到前浅后深，起伏自然。

（3）挂壁盆景　挂壁式盆景主要特点是山石贴在盆面组成如山水画似的山水景观。其盆是挂在墙壁上或在桌上靠壁竖置，这是山水挂壁盆景与一般山水盆景的显著区别。它是将山水盆景与贝雕、挂屏等工艺品相结合而产生的一种新的形式。

挂壁盆景在制作中其布局不同于一般山水盆景，在造型、构图及透视处理上均与山水画相似。

挂壁盆景用盆一般以浅口的大理石或紫砂盆、瓷盆、大理石平板等，根据需要可取长方、正方、圆形、扇形等。制作时可利用大理石的天然纹理，来表现云、水、雾气等自然景观。石料软质、硬质均可，无论用哪种石料，都需要对石块进行切割、加工成薄片，胶合在盆面上，并留下间隙栽种植物，使之成为一幅具有浮雕效果的立体画。

**3. 相石构思的原则**

（1）因意选石，意在笔先　也就是说，在选石以前，首先要根据创作的意图，确定选择石料的种类，然后再构思创作。例如，要表现山如斧削、形同壁立的石林景观，就要选择坚硬的斧劈石、木化石；若要表现庐山、太行山一类具有块状或节理的断块山，则有选择明显横纹的砂片石、横纹石、千层石、芦管石；若表现江南一带土层丰厚、植被茂盛的褶皱山，可以选择吸水长苔的软石类；若要表现华山、黄山或雁荡山一类垂直节理十分明显的断块山，又当选择则石质坚硬、纵裂多皱的锰矿石；做雪山选用白色的钟乳石或海母石；做具有丹霞地貌的武夷山宜选用带赤色具横纹的岩石。此外，做春山、夏山、秋山，还可选择带有疤痕易生苔藓的树根、树皮；做夜山、雨山或逆光山，则宜选择色黑、疏松、易吸水长苔而显得丰润华滋的木炭。

（2）因形赋意，立意在后　硬石类加工起来较困难，而且不易于雕琢，因而在创作中，常常根据形状赋以意境，局限性很大，不能随心所欲。所以制作时要根据原料的形状，设定意境。

（3）依图施艺，随心所欲　对于软石类，如海母石、江浮石、砂积石等，可以根据山水盆景的立意，随心所欲雕琢造型，局限性较小。

**4. 山峰的基本造型与布局的基本形式** 对于每一座山峰来说，其造型式样不外乎立峰、悬崖、斜峰和折带4种基本造型（图1-5）。

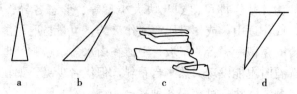

图1-5 山峰的基本造型
a. 立峰 b. 斜峰 c. 折带 d. 悬崖

对于山水盆景来讲，其布局形式不外乎单峰、双峰、三峰和群峰4种（图1-6）：

图1-6 山峰的布局
a. 单峰 b. 双峰 c. 三峰 d. 群峰

## 【任务实践】

**1. 使用工具** 切割机、铁刷、刻刀、小山子（琢锤）、毛刷、操作台、錾子、锯条、雕刀、钢丝钳、小斧头等。

**2. 操作步骤**

（1）相石与选盆 相石就是对石料进行认真地观察、细心地审度并按照美学原则（形式美法则、意境美法则）进行石料筛选和艺术构思的过程。也是盆景艺术家在得到感性认识后在头脑中孕育出山水盆景艺术品的外观形像所进行的形像思维过程。

一般山水盆景的用盆多使用浅口盆，以1cm左右为宜。盆钵过高则妨碍立意。

（2）切割锯截

①长条山石的锯截 硬质长条形石料，如果两端均具有山岭形态，在锯截时可巧妙地分为一长一短、一大一小，一高一矮，高的为峰，低的为峦或远山，从而获得两块好的石料。

如只有一端姿态较好，如钟乳石等，应根据造型最大限度地保留好一端，截去另一端。

②不规则山石的锯截 对于不规则山石，粗看浑然，一无是处，但如反复审视，就会发现其虽然不规则，但四周多棱状突起，山峦丘壑藏于局部之中，如巧妙地将其截为几块，即可得到几块大小不等、形态各异、姿态不一的石料，或作峰峦，或作远山，或作礁矶，或作岛屿，可量材取用。

③各种平台的锯截 平台、平坡、平滩在山水盆景坡脚处理中具有独特的作用。有时在选石时也能发现天然平台石料，但优者少见。如在截锯时将一块石料按厚薄不等截成数块，可获得各种平台。

（3）雕琢 在山水盆景制作中时，不论是因意选石，或因石立意，一般来讲，石料的形态和纹理都不会完全符合要求，这就需要雕琢。雕琢要根据设计构思和石料本身的纹理来进行。

小山子为一头平头、一头尖头，可点啄、劈砍、擦点、刻划。几种手法结合，让山形更自然。用小山子还可皴纹理、凿山洞。

錾子可用来加工石料上的孔洞和表面皴纹，也可凿平石底，刻皴纹。

锯条常用来加工石面直纹和条柱峰形。

雕刀刻画一般是精细加工，主要是仿自然山石的纹理进行刻划，使皴纹更逼真。

钢丝钳用来咬山石的边缘轮廓。

①软石雕琢 软石雕琢好比在一张白纸上绘画，可以随心所欲地雕出各种造型和各种皴法来。软石雕琢可分为两步进行。

打轮廓：根据腹稿或设计图纸，可用小斧头或平口凿出基本轮廓来，只追求粗线条和大体形状，也称之基本造型。

细部雕琢：软石料皴纹的雕琢多用小山子（或螺丝刀代替），或用锯条拉或用雕刻刀雕刻。对于天然皴纹可保留的石料，在加工时要使雕刻纹与天然纹谐调一致，尽量不露人工痕迹。

对于不同的造型雕琢方法也不尽相同：一般峰峦雕凿的刀法是由低而高，由前而后，皴纹一条一条地雕上去，形成一层一层的山峰，每一条皴纹的刀工是由上而下，就像用毛笔写皴纹一样，对于坡脚处和悬崖处，刀工多是由下而上，由外而内，而且要特别当心，轻轻雕塑凿，以防悬崖处断裂。

②硬石雕琢 硬质石料质地脆，雕琢不易，一般多把功夫放在选石上，常常不雕或把雕凿当作一种辅助设施。其雕凿要用钢凿或钢制小山子，凿时用力要适度，凿子顺着自然皴纹移动，宜小不宜大，应一凿接一凿，宁肯多凿几下，也不可操之过急；否则，石料会出现一片片碎裂，很不自然。

一般石料主要加工观赏面，但也要考虑侧面，对于山体的背面一般不加工。

雕琢时还考虑种植槽，但一般多选在山侧凹进去的部分或山脚乱石、平台之后，也有留在山背面的。

（4）腐蚀修饰 腐蚀处理一般有两种情况，一种是想造成一种特殊意境或特殊环境（如雪景或梦境），而采用稀盐酸或稀硝酸把石料表面腐蚀处理，以达到预期效果；另一种是用刚丝刷刷去硬石类人工雕琢留下的痕迹。

（5）拼接胶合 拼接胶合是设计造型的基本要求。将数块石料拼接起来，胶合牢固，是山峰成型的最后一环。制作大型山水盆景时，缺少或没有大料，就要把小块石料拼接而成。有时在加工过程中不慎碰断某一部位，也得采取拼接胶合的办法来补救。在造型上存在某些不足也可通过胶合来弥补。还有一些盆景只有与盆体胶合在一些才能立稳。所以拼接胶合是山水盆景制作时的重要环节之一。

①拼结胶合的方法

水泥胶合法：水泥有不同的标号，标号越大，胶合的强度也越大。但一般盆景胶合时用 400 号以上水泥，按 2∶1 配比水泥沙浆。微型盆景也可不加入沙子。胶合好后小型盆景 3~4 天可移动；大中型盆景需要 10 天才能移动；巨型盆景需要 20 天才能移动。如急于移动会前功尽弃。

化学胶合：107 胶、4115 胶、强力万能胶等胶合剂。对小型盆景可直接用胶合剂将两块石料胶合在一起（压紧捆绑 12h）。对于大型盆景应将胶合剂与水按 1∶3 的比例混合后加入水泥进行胶合。

环氧树脂胶合法：微型盆景最好使用环氧树脂胶合，使用水泥胶合未免显得太粗糙。

②石间拼接胶合 石料间胶合可组成一定造型的峰峦。拼接前先处理好拼接部位，通过锯雕使拼接部位相吻合。胶合时，先捆后胶，也可以先胶后捆。先捆后胶的具体做法是：先将要拼接的石料捆扎固定，再用小刀挑水泥往石缝中填充。填满后再用刮去多余的水泥，并用毛笔蘸水洗刷缝口附近的石面，把缝口外的水泥痕迹洗掉。最后在缝隙间撒上石粉，以掩盖痕迹。先胶后扎是捆扎之前，把两块山石的胶接面涂上适量水泥，把它们合在一起，轻轻磨动，使山石与水泥紧密结合。然后用铅丝或绳子捆扎好，清除水泥痕迹并撒上石粉。

③固定胶合 有的石料成形后，不能自立于盆中，须把石底与盆面胶合在一起或用胶合剂填平石料底部才能使山石平稳地立于盆面。当峰石并不悬险、石底不很平而又无法锯平时，可采用垫纸胶合。胶合时，先按盆面形状剪一张纸，浸湿后放在预定位置，稍用力压一下，从石缝边缘挤出多余的水泥并清洗掉，水泥稍干用小刀刻削水泥缝表面，使缝口与石料底边缘相吻合，最后撒上石粉。对于高耸、悬险的盆景造型，石底必须黏在盆面上，峰石才能立于盆面，就采用不垫纸胶合法。但具体操作时，要设立支柱，以保持胶合牢固前的稳定。

（6）点缀植物 植物点缀多以矮小、叶细的为好，木本草本均可。常用的木本植物有五针松、小叶罗汉松、真柏、绒柏、瓜子黄杨、六月雪、杜鹃、虎刺、榔榆、雀梅、小叶女贞、小石榴、金雀、福建茶等。常用的草本植物有半支莲、天胡荽、漆姑草、酢浆草和蒲草等。

（7）点缀配件　自然山水总与人的活动分不开的，所以在山水盆景制作中，盆景配件虽然很小，但确能起到很大的作用如扩大空间效果、表现特定的环境、创造优美的画境和深邃的意境等作用。

（8）盆景命名

①题名法

以形命名：按盆景的形像命名。

以意命名：按盆景的立意命名。

以诗题名：用诗词佳句题名。

以画题名：根据名画的画意题名。

以文题名：以文史、典故题名。

以景题名：以风景名胜题名。

以树题名：以树名和花名题名。

以时题名：以时代精神命名。

②题名注意事项

要含蓄，忌直露。含蓄发人联想，直露一览无余。

要切题，忌离题。题名必须与景物紧扣。

要有诗情画意，忌平庸一般。

要形像化，忌概念化。

要有声有色，忌平淡无光。

要有动律感，忌死板。

要精练，忌繁琐。

要突出特点，忌面面俱到。

**3. 检查**

（1）检查山峰的锯截和安放是否符合要求。

（2）检查安放配件和植物的数量是否过多。

（3）检查拼接胶合是否得体。

**【关键问题】**

首先要根据创作的意图，确定选择石料的种类，然后再构思创作。而后对石料进行认真地观察、细心地审度并按照美学原则进行石料筛选和艺术构思。选石是前提，相石是基础，制作是关键。

**1. 胶合中应注意的问题**

（1）胶合前要对胶合面做预处理　用钢丝刷清洗胶合面，对于过于光滑的表现还应做磨毛处理。

（2）胶合石料要注意纹理一致。

（3）接缝处理要与石料协调。可用颜料调色勾缝，也可用同样的石粉撒在胶面水泥缝上。

（4）胶合后必须在一定的时间内进行保湿养护，不可在烈日下暴晒，以免影响胶合强度。最好的方法是：胶合好后盖上湿布，移至阴处，定时往湿布上洒水，使水泥很好地凝固。

**2. 配件安放时要注意以下问题**

（1）因地制宜。宜亭则亭、宜树则树。

（2）以少胜多、不可滥用。一般只放一二件。

（3）要注意山石与配件的比例关系。山石与配件的比例关系是配件越小，山体越大。与树木放置在一起时一般要小于树，古塔除外。配件与配件的关系，应掌握远小近大。同等远近时人不能大于亭、阁、房室，桥不能小于船。

（4）配件固定因质而异　石质和陶瓷配件用水泥固定，金属配件用万能胶，而小船等水中配件需要用小片玻璃粘接在船底，放于浅水中，犹如船浮于水面，形像逼真，效果较好。

## 【思考与讨论】

1. 如何进行相石？

2. 胶合中应注意的问题有哪些？

## 【知识拓展】

**1. 相石构思一般可分为三步完成**

（1）观察　包括两个部分内容，一是对社会生活和自然界山水景观的观察，二是特指对山石材料的感性认识。

要想制作出高档次的山水盆景，首先要认真观察，特别是自然界山水风光的景色特点，也就是说，要多看，只有在多看的基础上才能做到胸有成竹，才能在制作过程中运用自如。常用途径主要有 3 种：电视中看山水、实景观察（自然山水、人工盆景）。

其次就是特指对各种各样石料的观察。从天然石料变为盆景艺术品，必须对原始石料进行仔细地观察，捕捉石料之天趣特征或自然特征。石料的天趣或自然特征主要表现在：山石的色泽、形态、动律、皱纹、质地、韵味等方面。

（2）想象　想象就是把感性认识到的信息，在大脑中进行复杂的处理的过程。想像可以使人认识到事物内在的本质联系。盆是艺术家正是依靠自己的想像力，才能使作品远远"超出一般事物简单平淡的统一性"。

山水盆景的想像活动远不如文学、雕塑创作活动中的想像那么自由和不受限制，因为山水盆景的艺术想像活动往往离不开具体石料的形态，尤其是硬石类材料更是如此。

（3）灵感　灵感在山水盆景创作构思过程中，是形像的孕育由不成熟到成熟的表现，也是盆景艺术家在构思过程中所产生的强烈的创作欲望在形像上的体现。灵感是以观察和想像力为基础，是观察、想像的必然结果。盆景艺术家的生活、创作经验越丰富，想像力越丰富，获得灵感的机遇和可能性就越多。缺少或不注意对社会和自然山水的观察，一般是不容易产生灵感。

灵感经常是在盆景艺术家高度紧张地进行构思的过程中出现的，它的来临的突然性，实际上是盆景艺术家长时间艰苦构思过程所达到的某一个突变点在艺术家心理上的反映。灵感是对艰苦劳动的奖赏。

随着灵感的出现，往往"腹稿"也随之酝酿成熟了，在此基础上勾画出设计草图来，就可以进行艺术创作。

**2. 超声雾化山水盆景**　雾化山水盆景，也称云雾山水盆景，是把现代超声雾化技术与我国古老的盆景艺术相结合的产物。它既保持了山水盆景的雄伟奇险、嶙峋多姿、气势恢宏、意境深远等长处，又以现代技术手段使其锦上添花。高山之上、峭壁之间，瀑布或飞流直下，或蜿蜒而流；山峰之处，云雾缭绕；幽谷之内，水雾涌动。这种动静结合的景观给静止的山水盆景增添了活力，给无声的盆景作品增添了瀑布的流动声响。动静结合仙境般的盆景作品使观赏者耳目一新，调动了观赏者的想像力，情趣倍增。正是"此处有美景，何需再出屋"。此外，雾化山水盆还有增加空气湿度、净化环境及保健作用。这种多功能的盆景艺术作品深受人们的喜爱。

用于盆景上的超声波雾化器可分为两部分，一部分是超声雾化发生器，是使凉水在超声雾化作用下产生大量的负离子和微粒水雾，飘浮于室内空间，负离子对人有很好的保健作用，同时水雾还可以使室内空气湿度增加，净化空气环境，消除静电；另一部分是水泵，可把盆景中的水经管道输送到山峰之上，为瀑布的形成提供水源。

雾化山水盆景与山水盆景略有不同，具体表现在：

①构图上：雾化山水盆景一般取高远式，因为高远式置景山峰陡峭高耸，便于安置瀑布，峡谷幽深便于掩藏雾化器头，使峡谷间出现茫茫雾气。而一般山水盆景可做成各种式样。

②设备安装上：由于要考虑安置雾化器头和水泵，所以在设计上要注意高度和放置的地方。三面景观的雾化山水盆景，一般水泵可放置在有瀑布的主峰的山体后面，以山体作为掩挡，泵体可嵌入山体内不占盆面。四面景观的可嵌入山体内，导线进出也要作特殊的处理。

雾化器头的放置，应放于主峰前与次峰之间的山凹内，以次峰山体掩挡水池。水池的直径为50mm，深为25～40mm。雾化器头的导线也应做巧妙地遮挡，使雾化出的水雾微粒能飘出山峰，漫浮空间形成白云。水泵供应多余的水形成瀑布直流而下。

③要考虑瀑布流水的路线和盆内水源的储备。一般超声雾化器，每小时可雾化400mL水，盆深25mm，长度60～150cm的山水盆景可基本满足水源供应。

④瀑布与白云流向设计。由于瀑布水流极易带动雾化微粒一起下淌，而不易形成云雾。所以在设计时除非选定瀑布云雾一道涌下的景观，一般瀑布与云雾应作相反方向，而且之间要有一定间隔。如果能够将瀑布在山上作几个回旋，从不同的高度和方向流下，可丰富画面，提高观赏价值。

水泵和雾化器专有厂家生产，一般使用220V电源。安装时雾化发生器可安置在山水盆景以外。安装时要注意由于雾化器头的功率较小，不要将水泵的出水管口直接冲向雾化器头。

# 任务四　树石盆景制作

## 【观察】

图1-7　树石盆景

**【知识点】**

**1. 重要概念** 树石组合盆景是以植物、山石栽培基质为素材，用树木签景和山水盆景的创作手法，将素材元素技艺组合成景，在盘小再现大自然山水、树木之自然神貌。

完成石材与树木的造型之后，便进入了树石结合成型的制作阶段，树与石的恰当结合，是附石盆景整个制作工作的结晶和成果。因此，树石结合不是简单的凑合或随意的搭配，而是按照整体造型设想，把树和石恰当、自然地结合起来，融为一体，使创作的主题和意境得到充分地体现。

**2. 树石盆景的特点**

(1) 用材 树石盆景的用材主要是树木和具有一定观赏价值的石块。中国人很早就懂得欣赏、把玩石块。东汉许慎认为玉石之美有五德："润泽以温，仁之方也；鳃理自外，可以知中，义之方也；其声舒畅，专以远闻，智之方也；不挠不折，勇之方也；锐谦而不伎，洁之方也。"所谓君子五德如玉，即"仁、义、智、勇、洁"可见美石在中国人心中占有相当重要的地位。将石和树组合成一体也就成为中国文人所特有的写作对象。

在树石盆景中树木占有主体位置，石占陪衬的地位。树可多木，石亦可多块，这完全由作品所要表达的主题和意境所决定。树石盆景可表现大的主题、大的气魄、大的景观也可剪取现实景观的一角，以小见大反映社会特征和时代气息。其表现形式是多种多样的，构图是多姿多彩的，造型是千姿百态的，内涵是多重而丰富的。

(2) 抱石型、构图、布局、造型 抱石型构图、布局、造型的特点是树占主体，石多为单独可赏的个体，树与石组合成为总的主体，其构图、布局、章法与单一桩景无异，常见几何形都可成为其构图轮廓。桩景中的各种技法也可运用其中。雄、秀、清、奇各种不同的造型，不拘一格，应有尽有，树石一体，你中有我，我中有你。

傍石型。傍石型是由旱石盆景演变而成，其构图、布局、造型的特点同旱石盆景基本一样。并与中国山水画中的平远、高远、深远之构图法则相同，可开可合、可露可藏、随意而为，妙在自然好趣，妙在个人情感、个人的表现。工巧的可十日一山，简约的可一石或一树。

盆石一体式。自然界中一些石块由于年代久远小现大的空隙、凹洞。形成可存储泥土的空间，作者可充分利用这一有利条件，把树桩种植在内，真正成为自然界树石奇景的缩影。树因石心秀，石因树而奇，彼此相依，共存共荣。其构图、稍局、造型特点要依据石的形状、大小而定，石大树小的石占主导位置，树高石矮的一般树占主导位置。其构图、布局、造型必须因材生发，随机活用，没有固定的模式。

中国盆景立意在先，因意选材，或因材立意，按意造型，随意生情，情随景出，这是公认的最基本的创作方法。

中国盆景的意境美、自然美、创作技艺美、内涵美的高度融合和集个体现，就是盆景艺术的真谛。而盆景艺术美的享受是通过观、品、悟，从形象美而进入到意境美的过程。

领悟了中国盆景的创作方法，知道了中国盆景艺术的真谛，从而得到了享受盆景艺术的乐趣，这就具备了分辨工匠与艺术家的标准，也有了赏析盆景的本钱。

（3）配盆　树石盆景的配盆与树桩盆景、水旱盆景没有多大区别，多用中、浅长方盆。圆形盆、特浅玉石盆，依主题、造型需要而定。至于盆石一体的造型则是树石盆景这一形式中所特有。

（4）饰物　树石盆景属多样组合盆景，为了表现多样的主题，多配用饰物加强装饰。所有物件必须为主题、内容、意境的产生服务，应点到即止，而不可画蛇添足。

（5）摆设　树石盆景一般情况下用土较少、用材又是已经成型的有一定年限的树木。故摆设的环境一般不宜光线过强，用自动喷雾管理更好。在室内摆设最好放在有散射光的地方，7天轮换一次。

总之，树石盆景有它自身的特点，必须尊重其特点、特性才能展现造型的优势，否则适得其反。

## 【任务实践】

### 实践一　旱盆景制作

**1. 使用工具**　硬石、钢锯、小夹锤、小铁锤、铁丝刷、浅口盆、砂轮、胶合剂、凿子、剪刀、竹签、花锹等。

**2. 操作步骤**

（1）选石布局　宜选用自然风化成多层纹理的岩石，横放在盆中。布局常采用偏重式，主体偏右或偏左并适当靠后，客体放置在另一端，适当靠前一些，主客体不可在同一条平行线上。论其高度，客体是主体的1/2左右为宜。两组峰峦之间要留有较大的空地，以展示沙漠的辽阔。为了使盆景意境深远，在主体前略靠后一些位置上，放一块长条状岩石，其高度要低于客山。远山低矮更能衬托出主体的高大雄伟。在主客体旁的适当处放置一两块小石，显得自然优美。

（2）选配　盆钵山景制好后，根据山景大小来选择合适的盆钵（也有根据盆钵大小选石配景的），以长方形汉白玉浅盆为佳。如日后盆内不种植植物，可用木制盆钵，不但经济而且搬动方便。用白水泥、白石来制成的浅盆，经磨光上蜡，酷似汉白玉盆，有以假乱真之感，价格又便宜。盆内放细沙，要有起伏，呈自然沙丘状，可用手指在沙上划出一些纹理，好似风吹的一样，更显真实。

（3）种植点缀　可在山景间或山石旁，栽种耐旱小植物，形成"万里黄沙一点绿"的景观。并放置骆驼数峰，由远向近处走来，骆驼要近大远小，间距不等。在点缀时不但要注意比例关系，数量也不宜多，还要做到有露有藏，最后一峰骆驼不要都露出，适当的藏能引起人们的遐想。除点缀骆驼外，亦应点缀人物，以形成"沙漠驼铃"之美景。

**3. 检查**

（1）操作程序是否规范。

（2）有理有据地讨论和评价自己制作的盆景作品有哪些需要改进的地方。

### 实践二　水旱盆景制作

**1. 使用工具**　硬石、软石、钢锯、小夹锤、小铁锤、铁丝刷、浅口盆、砂轮、胶合剂、凿子、剪刀、喷壶、竹签、花锹、植物材料（小树苗）等。

**2. 操作步骤**

（1）选树　水旱盆景盆浅，容量有限，但往往需要栽植多株植物，环境对植物生长具有较大影响。因此，制作水旱盆景必须选择适合的植物。水旱盆景所选取植物的标准：根系发达、枝叶细密、萌发力强、树形自然优美、适于剪扎造型、生命力旺盛、适应性强。通常以木本植物为主，有时也选用草本植物。盆中植物应保证风格统一，有大小、高矮、主次之分。不一定追求单株的完美，但整体的艺术效果必须突显。那些造型不完美的单株，甚至有明显缺陷的树木，经过点石配景，拼栽组合后，反而易形成优美动人的构图。选用的树木，最好是经过盆栽培养的，有成熟的根系，栽植容易成活。此外，还应根据表现题材、艺术风格土质和气候等因素进行选择。

（2）选石　水旱盆景中，山石是树木的伴侣，能反映水面景色及地貌特征。制作水旱盆景通常采用质感好、不易透水的硬质石料，如英德石、龟纹石、宣石和石笋石等，如选用砂积石、芦管石等松质石料制作水旱盆景需要作防渗透处理，即将放土一侧的石面上涂布水泥。不同的石种，其质地、性状、纹理和色彩各不相同，选用什么石种应根据作品表现的内容而定。通常情况下，一件盆景作品中最好选用同一种石料，而且要注意质、形、纹和色的协调统一。水边放置的石料要平缓、光滑，宛如久经河水冲刷形成；用于坡岸和水面的石料，需将其底面磨平，使之与盆面紧密贴合；陆地散置的石料，要与树木配合成景，散点石块的错落隐现，不仅是构图的需要，更是自然风貌的写照。

（3）选盆　制作水旱盆景宜选用较浅的大理石盆，盆沿深度通常在 1cm 左右，盆底不需排水孔，既可以贮水，也便于表现水景。盆浅能突出曲折婉转的水岸线，正所谓"山因水活，水随山转"；盆浅也使盆内景色不受干扰地呈现在观众面前；浅盆即使没有排水孔，植物也不会因盆土淤水而影响生长。大理石盆的体表有隐约的条纹，可以营造出特殊的视觉效果，犹如水中的波纹，显得自然有趣。素色盆钵，宛如一张白纸，能将树石组成的"画"衬托得淋漓尽致。盆的形状以长方形和椭圆形比较方便布局，适宜表现各种优美景色。长宽比根据盆内的景物及布局而定，若需突出盆景的纵深感，可加大盆的宽度，甚至采用圆形盆或方形盆。直边的盆有方正、干净利落的感觉；弧边的盆，有柔和、无边无限的音韵。总体来讲，以简洁大方为好，个性的异形盆不宜做水旱盆景。

（4）整理树木　制作水旱盆景的树木材料，为了使其姿态符合造景要求，需要进行一定的加工整理。加工可采取蟠扎与修剪结合的方法，既要考虑树体本身的姿态和风韵，又要考虑构图布局的需要。若是多株树木合栽或丛植，则应整理出相互间的主从、争让关系。若遇到根影响栽植的情况，还应对根系做适当的修剪或蟠扎，使之能方便栽种于浅盆中。

（5）试作布局　布局是制作水旱盆景的重要一环。先将选好的树木放于盆中适当位置，再摆放山石，设计出曲折的坡岸。

**3. 检查**

（1）操作程序是否规范。

（2）有理有据地讨论和评价自己制作的盆景作品有哪些需要改进的地方。

### 实践三　附石盆景制作

**1. 使用工具**　硬石、软石、钢锯、小夹锤、小铁锤、铁丝刷、浅口盆、砂轮、胶合剂、凿子、植物材料（小树苗）等。

**2. 操作步骤**

（1）试植　树木在正式嵌植前必须进行试植，目的是防止嵌植后出现树石的结合不够协调，且反复进行位置或方向上的变换调整，会导致树木根部受到严重损伤，进而影响树木的成活。试植的方法是把已经造型的树木从盆中倒出，抖出泥土，理顺根部，置于石体上，从不同的朝向、不同的嵌植位置进行试植观察，从而确定树石结合的最佳位置和朝向。通过试植，应依据树根的走向，对沟槽做进一步的雕凿；对定植点的宽度或深度也要做进一步的雕凿修整；对树形不协调的部位还要进行缚扎或修剪，多余的根和枝条应剪除掉。

树木起苗试植完毕后，在等待嵌植的一段时间内，应将根部埋入湿润的河沙中，以保持根部的湿度，防止根部失水干枯。

试植过程中要注重处理好石与树体积的恰当比例和石形与树形的相互协调，以及树根的合理布局等。石体高度在 30～40cm 的小型附石盆景，其树木的主茎粗为 1.5cm 以内为宜；石体高度在 10cm 的微型附石盆景，其树木主茎粗为 0.5cm 以内为宜。培育定型后，石材与树冠（枝叶）所占的空间比例 2：1（图 1-8）为宜（即石 1，树 0.5），树冠所占的空间最多不要超过 1：1 的比例。

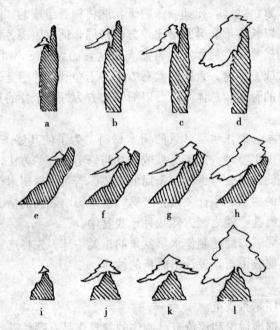

图 1-8　石体与树冠体积的比例

a. 树冠偏小　b. 适当　c. 适当　d. 树冠偏大　e. 树冠偏小　f. 适当

g. 适当　h. 树冠偏大　i. 树冠偏小　j. 适当　k. 适当　l. 树冠偏大

石形与树形的搭配，应按创作主题和造型构思进行制作下（图 1-9），石体高而瘦的，应搭配悬崖式、横卧式或曲立式树形；石体矮而宽的，应搭配矮壮曲立式树形，有的还采用嵌干式附植方法，把树干嵌入石体，以达到树形与石形的恰当结合。

附石盆景树木的根部，是体现形态美的重要因素之一，要使其自然、优美地展现在石体表面，而且与石体紧密结合，在试植过程中就必须确定好它的分布与走向。在数量分布上，应以正面为主，侧面与背面也要有少量分布，这样既可增加背侧面的可观赏性，也使树木牢固地嵌植于石上；根的走向，都是纵向延伸，不宜横竖交叉，分布紊乱。

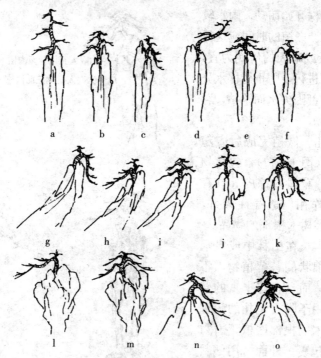

图1-9 石形与树形的搭配比较

a、d、g、j、l、n. 不当 b、c、e、f、h、i、k、m、o. 恰当

（2）嵌植 试植完毕后，应随即进行嵌植。先把石体放入水中充分吸收水分，然后将树木的基部（即树头）首先嵌入石体定植点上，调整好树势，使其观赏面与石体观赏面相协调，再用铝线将树头缚扎固定，接着将根部逐条嵌入沟槽，根部细小、数量又多的树木可数条根拼在一起，嵌入沟槽，根部顺沟槽蜿蜒向下延伸，末端最少要伸出石基座2～3cm。根部嵌入沟槽后，用塑料包装带缠绕缚扎，个别无法扎紧的部位，要用泥土填塞挤压，使根部紧贴沟槽，防止在生长过程中发生松动或移位。塑料包装带缚扎不宜太密，各缚扎带之间要留一定距离，使根部有良好的通气环境。

根部固定下来后，把石体横置，两头用砖块或石块垫离地面，用调好的稠泥浆，均匀浇灌于石体沟槽中，使树根与泥浆紧密连结，有利于根部吸收水分，促进成活。

嵌植过程中要特别注意不要损伤根部，弯曲度较大时用力要轻，尤其是异叶南洋杉的根，质地较脆，容易折断，要加倍小心，为了减少根部的损伤，在嵌植前几天，盆栽植物应停止浇水，避免雨淋，使盆土干燥，根部贮水量下降，韧性增强，以减少嵌植时的损伤和断裂。嵌植的季节应选择在春季4～5月份为宜，此时气温回升，植株开始萌动，雨水较多，容易成活。嵌植的时间应选择在阴天、雨天或晴天的傍晚为宜，避免在烈日下进行，防止植株水分蒸发过快，根部因失水而干枯，影响植株的成活。

（3）包扎　嵌植完成后应随即进行包扎（图1-12），包扎物可选用水苔、草绳或棕皮等具有保湿、保土作用，透气性较好，又不致于伤害树木根部的物品。

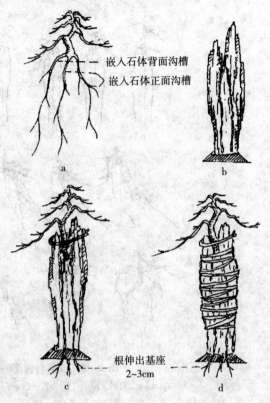

水苔是生长在山林中或泉水旁，呈绿色绵状的苔藓植物，不但透气性好，而且含有丰富的营养成分，是用于附石包扎的较理想材料。树木的根部嵌植于石材上后用水苔包裹，外面再用塑料包装带缠绕轻缚，使其紧贴石体，有良好的保湿和透气作用。无法采集到水苔的，也可用草绳或棕皮包扎，草绳是用稻草挫编而成，来源较为容易，但在多雨天气容易腐烂，腐烂过程中产生有机酸，对树根生长不利，只适用于根部粗壮、生命力较强的树木。用棕皮包扎，效果较好，不易腐烂，可以多次重复适用。

图1-10　树木的嵌植
a. 备好的树木形态　b. 备好的石体形态
c. 嵌植树头用铝线固定　d. 将嵌入沟槽的根部缚扎紧

根部较瘦弱的树木，不必包扎，可直接植入高盆壅沙培育。

（4）壅沙培育　经包扎后的附石盆景可直接用浅盆培育（图1-13），盆内可填入疏松肥沃的

图1-11　石体表面浇灌泥浆

土壤，沿嵌植包扎好的树石周围，用瓦片或三合板加高固定至石体的1/3～1/2处，然后填入河沙。经一段时间培育后，除去包扎物和河沙即可，不需要

进行换盆。树木根部瘦弱的，可用高盆培育（图1-14），在盆底填入肥沃疏松的土壤，盆内填入河沙，经一段时间培育后再移植至浅盆。

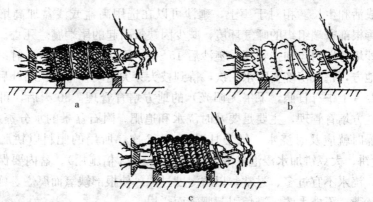

图1-12　树石嵌植后的包扎
a. 棕皮包扎　b. 苔藓包扎　c. 草绳包扎

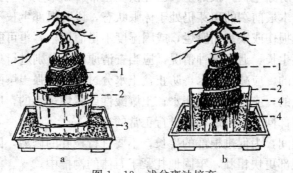

图1-13　浅盆壅沙培育
a. 1. 棕皮　2. 三合板　3. 缚扎带　b. 1. 棕皮　2. 三合板　3. 河沙　4. 细土

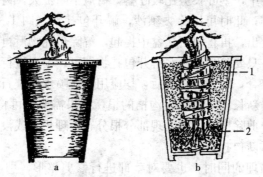

图1-14　高盆壅沙培育
b. 1. 河沙　2. 细土

壅沙培育的作用是利用河沙的透气保湿功能，保持树木根部周围的湿度，尤其是树木中下部根体细小、根毛较多。如果湿度太低，容易失水干枯，影响树木的成活和生长。相对于壅土，壅沙可以在选用高盆或浅盆加高培育情况下，改善根部末端组织的呼气环境，减少因缺氧引起的尾端腐烂死亡。

壅沙培育期间应加强管理，壅沙后 15～20 天内要置于阳光直射、无北风吹袭的地方，每天傍晚要喷水一次，待到枝头芽尖萌动，生长出新叶后，再移至半日照（上午有日照，下午无阳光）的地方培育管理。30 天后，可移至全日照的地方培育管理，主要是要及时浇水和追肥。附石盆景的水分蒸发较快，细沙干燥时就应及时浇水。每个月追肥 1～2 次，所用的肥料以饼肥水为宜（用花生饼、大豆饼加水浸泡发酵腐熟后掺水 4～5 倍施用）。盆内要保持适当的湿度，浇水不宜过多、过常，以防湿度过大，使根部缺氧而腐烂。施肥浓度一定要稀薄，不能太浓，避免引起肥害而烂根。

壅沙培育一段时间后，茎叶生长旺盛，悬崖式、横卧式树形的主茎最前端的芽苞能够正常萌芽生长，根部生长已经恢复正常。如果茎叶生长不旺，主茎下垂或横卧的树木最前端的顶芽仍处于休眠状态，说明根部生长不够正常，可能有部分根部因损伤或缺氧而腐烂，或因湿度不足而干枯，也可能是土壤的酸碱度不适宜根部生长，遇到这种情况，应当查清原因，分别进行处理。因根部损伤或缺氧腐烂的，应减少浇水，防止盆土水分过大，增强土壤的透气性；因缺少而影响生长的，应恢复正常浇水；土壤酸性或碱性过大的，应改用中性偏酸的土壤，待根部恢复生长后，再进行正常的追肥。

壅沙培育期间，为促进根部的生长，不要进行枝叶的修剪，因为有旺盛的枝叶，才能使根部更快粗壮，牢固地扎紧于石体的沟槽中。

（5）露根修剪　壅沙培育后，小型盆景经过一年时间，树木的根部就已能稳定在石体的沟槽中，茎叶长势比较旺盛，树冠不断扩大，树根在石体底部的土壤中已形成根群，此时可以除去壅沙，解开包扎物（图 1-15）。用高盆培育的，可把河沙挖出，再将树石从盆中提起，解除包扎物后再移植至浅盆；直接用浅盆培育的，只要除去壅沙，解开包扎物即可，不必进行换盆。无论是用高盆或浅盆壅沙培育，解开包扎物后，均应用喷壶喷水冲洗石体上的泥土，使根部清晰可见。对新长出来的越出沟槽的根，如果需要，可将其移入沟槽中；如果是多余的，应剪除掉；如果发现部分根分布不理想，或没有紧贴沟槽，应进行局部调整和重新包扎。

对根部进行清理的同时，也要对茎部进行修剪整形，剪除徒长的多余枝条，保持枝叶不过分繁茂，茎部要显得古朴苍劲，分枝层次布局要合理，树形与石形协调、融洽，树石比例恰当。

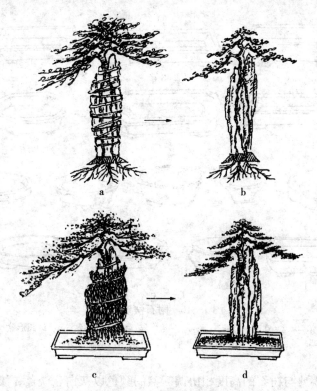

图 1-15　露根修剪

a. 高盆壅沙培育的树木　b. 解除包扎物，修剪枝条，冲洗石体后移植于浅盆

c. 浅盆壅沙培育的树木　d. 解除包扎物，修剪枝条，冲洗石体即可，不必换盆

　　露根的季节宜选择在春季 4～5 月份，因为这一季节湿度大，温度也适宜树木生长，露根后根部不会因为环境突然改变而影响生长。

　　微型附石盆景的壅沙培育时间一般只需半年左右，春季制作，常在夏末秋初露根，这一时期的气温开始回落，只要注意保湿并摆放于无阳光直射的地方，就能正常地生长。

　　(6) 选盆　盆是盆景的重要组成部分，一盆形神兼备的附石盆景，必须用一个与之相匹配的盆来栽植。如果一盆很好的附石盆景栽植于一个不协调的花盆中，就会使景观大为逊色。因此，要认真选好用盆，盆的大小、颜色要与树石的形态、色泽相协调、相匹配。一般要选择 2～3cm 的浅盆，可以最大限度地显示附石盆景的全貌，使境界更加开阔。盆（图 1-16）的形状以长方形和椭圆形盆为宜，长方形盆刚劲大方；椭圆形盆柔和优雅，可按景物形态进行选配。

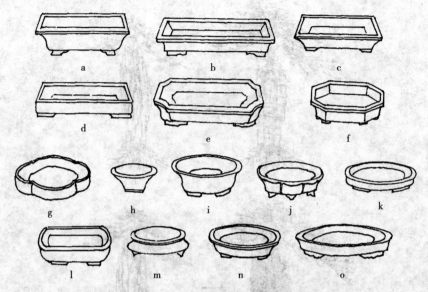

图1-16　附石盆景用盆

a、b、c、d. 长方形盆　e、f. 八角形盆　g. 梅花形盆　h、i. 圆形盆

j. 圆形西瓜盆　k、l、m、n、o. 椭圆形盆

盆的大小要与树石的高度相协调。盆的颜色以灰白、淡黄、淡紫、浅蓝色为宜。盆的种类有瓦盆、陶盆、瓷盆等。瓦盆质地粗糙，通气性好，价格便宜，但一般只用于假植育苗，不作盆景用盆；陶盆即紫砂盆，有朱砂、白砂、紫砂和青砂等多种，以江苏宜兴产的质量较好，是附石盆景常用的盆类；瓷盆外表美观，但透气性差，一般不作附石盆景用盆。

附石盆景植入盆中的位置要恰当。石势或树势向一侧倾斜或伸展，植入位置要适当偏移到另一侧，使整个盆景的重心不致偏离，盆面空间可以得到合理利用；树形和石形均为直立的，植入位置可以放在盆的中央（图1-17）。

在盆景植入盆中时，要防止排水孔被堵塞。排水孔（图1-18）位于盆中央，树石又摆放在盆中央，可在排水孔周围垫放3～4片10～15mm厚的塑料片或棕丝片，然后放入盆景，再填入土壤；排水孔位于盆两边的，可用塑料窗纱网盖住排水孔，然后放入盆景，填入土壤。

填土后要浇足水分，使土壤沉实并与根部紧密接触，填土不宜过满，要留出盆沿，以防施肥、浇水时，肥、水流出盆外。

（7）铺苔　为了使附石盆景充分展示大自然的秀丽景色，可在石体上（松质石）和盆土表面铺植青苔。铺苔方法有自然铺苔和人工铺苔两种。

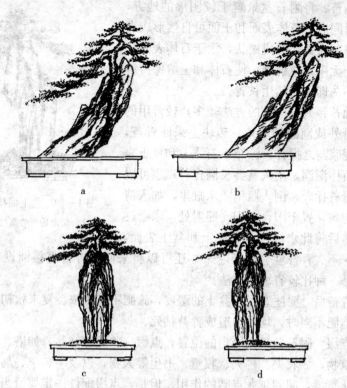

图1-17　附石盆景植入盆中位置

a、c. 植入位置恰当　b、d. 植入位置不当

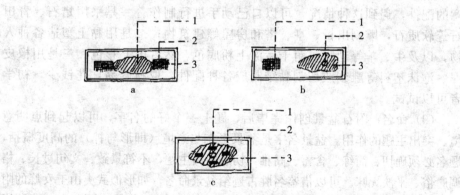

图1-18　排水孔的添堵方法

a. 1. 石体位置　2. 塑料窗纱　3. 排水孔　b. 1. 塑料窗纱　2. 排水孔　3. 石体位置

c. 1. 排水孔　2. 垫片　3. 石体位置

自然铺苔：将附石盆景置于较阴湿的地方，经过一段时间后，石体表面和土面可自然形成青苔；也可将芋头捣碎搅成糊状，涂于石体表面和土面，置于无阳光直射处，使石体和土壤保持湿润状态，不久即可自然生长青苔。

人工铺苔：人工铺苔的方法较多，较常用的方法是从野外或潮湿的墙角、砖块上采回青苔，揉碎后用泥浆与之搅拌，涂布于石体上和盆土表面，保持石体湿润，不久就会长满青苔；也可以将采回的青苔揉碎，倒入瓶里或水缸里，加入清水，搅拌均匀，置于阳台有阳光照射处，水会逐渐变绿，然后将此水浇施于石体上和盆土表面，

图 1-19　盆土保持的高度
1. 盆沿留出适当的高度　2. 盆土

保持湿润，不久青苔就会生长起来；还可以将采回的青苔直接铺设于盆土表面，这也是一种比较省事的办法。

铺设青苔后，要注意保持盆土的湿度，施肥不宜过浓。夏末秋初，当空气湿度低或施肥不当时，均容易造成青苔枯死。

（8）点缀　附石盆景在恰当的位置，点缀一些配件饰品，如塔、亭、桥和房屋等建筑物，或农夫、樵夫、牧童、书生等人物，以及牛、羊、鸟等动物配件，可深化意境，起到画龙点睛的作用。但是，点缀配件一定要恰当，体积不宜过大，也不要所有附石盆景都搞点缀，否则会画蛇添足了。

点缀的配件，一般可从花鸟市场上买到，但有时也难于挑选到自己满意的配件，遇到这种情况，可以自己动手进行制作。一是采用蜡石、青田石等软质石，雕刻出桥、亭、塔和房屋等建筑物；二是用黏土塑造各种人物，以及牛、羊等动物，荫干后涂上粉底色，然后再上彩色；三是用橡皮泥、泡沫塑料等雕刻或切割黏结制成各种配件，取材容易，花钱少，初学者可以试试。

（9）命名　附石盆景创作完毕后，题上一个好的名字，可以起到点明意境、突出主题的作用。盆景名字是盆景形态与意境（即形与神）的高度概括，题名必须确切、简练、含蓄、高雅，切忌脱离主题、不符景致、文句过长、格调庸俗、平淡无味。可以借鉴名胜古迹给盆景命名，如形似武夷山玉女峰的附石盆景，可命名为"玉女春色"；体现桂林山水的附石盆景可题名为"漓江岸畔"；表现泰山迎客松的附石盆景，可命名为"峭壁迎客"等。也可以根据盆景的外形题名，如独峰形附石盆景可命名为"孤峰独秀"；悬崖形附石盆景可命名为"悬崖春晓"等。

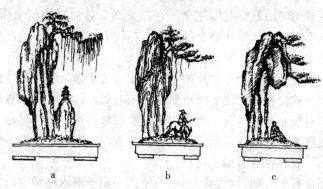

图 1-20　配件饰品的点缀
a. 山顶小塔　b. 牧童放牛　c. 书生纳凉

**3. 检查**

（1）操作程序是否规范。

（2）有理有据地讨论评价自己制作的盆景作品有哪些？

## 【关键问题】

**1. 在山石上雕凿出沟槽**

（1）用小山子在松质山石上凿出沟槽　用松质山石制作抱石型树石盆景时，常根据树根数量及形态凿出沟槽。操作时，沿已划出的沟槽线用小山子凿出较浅的轮廓（即宽度、拐弯、长度），然后再用锐利圆锥状端把山石一小块一小块凿除。凿时用力不可过猛，要根据山石大小选择适宜的小山子。如用大号小山子凿小块山石，易使山石断裂或凿掉的量过大。如用小号小山子在大块山石上凿沟槽，因力度不够费工费时。

（2）用錾子在硬质山石上凿出沟槽　錾子是用高强度的钢材加工而成，呈长条状，前端呈刀状或锐利圆锥状，后部大而平，雕凿沟槽时，前端刀状部放在要去除的山石部位，錾子和山石常呈 45°左右的角，用大小适宜的铁锤敲击錾子的后部，用力要适宜，同时要注意安全，防止被溅落的小石块碰伤。

在硬质山石上凿沟槽，很少有整个沟槽都是人工雕凿而成的，一是费工，二是不自然。大部分是硬质山石上的沟槽上下不贯通，把中间一段经过加工，使其贯通，树根沿沟槽从石顶部向下伸展到盆土中。另一种情况是山石原有孔洞不够大，树干或树根难以通过，经过雕凿使孔洞加大，使树干或树根能够通过。

**2. 树石盆景山石胶合**　山石胶合与山水流景山石的胶合相同。唯一不同的是山水盆景中的山石胶合必须在山石下面垫纸，以免山石同盆面胶合在一起；而树石盆景中的山石则必须完全胶合在盆面上，使旱地与水面截然分开，使盆面中的水不至于进入旱地盛土部分而影响树木生长，而旱地部分的泥土也不能进入到水面污染，弄脏盆面。

为使石头拼接处更加吻合，要把石头表面清洗干净。然后开始把石头胶合在盆中原先定好的位置上，用水泥将每块石头的底部抹满，要注意石块与盆面的紧密结合和石块之间的结合，以免出现漏水现象，可以将作旱地的一面多抹些水泥，并做检查，如发现漏水，及时补上水泥。检查可在水泥干后，在盆中的另一面放水，观察存在否漏水现象。

如水泥漏在石头外面，要及时用小毛笔或小刷子蘸水刷净漏出的水泥，保持石头外面和盆面的清洁。

如选用的是软石类石头作坡岸，则必须在近土的一面抹满厚厚的一层水泥，可以防止水的渗漏。

胶合时应选用高标号水泥，用水调和均匀后即调即用，为了增加胶合强度，一般都要加入一种增加水泥强度的掺和剂，如107胶水，也可以107胶水为主，适量加些水。在调拌水泥时，可加入各种深浅的水溶性颜料，以尽量使水泥的颜色与石头相似。

## 【思考与讨论】

1. 山石锯截的程序是什么？
2. 锯截雕凿后山石的粘合方法有哪些？
3. 树石盆景造型的艺术表现有哪些？

## 【知识拓展】

**1. 树石盆景的类型**　树石组合盆景有旱盆景、水旱盆景、附石盆景三大类。

（1）旱盆景类　以植物、山石、土为素材，分别应用创作树木盆景手法，按立意组合成景，并精心处理地形、地貌，点缀亭榭、牛马、人物等配件，在浅盆中典型地再现大自然旱地、树木、山石兼而有之的景观。但旱盆景不同于树木盆景，是旱地（地形、地貌）、树木、山石兼而有之的景观，意境幽静、如诗如画，可分为自然景观型和仿画景观型。

（2）水旱盆景类　以植物、山石、土为素材，分别应用创作树木盆景手法，按立意组合成景，并精心处理地形、地貌，点缀亭榭、牛马、人物等配件，在浅盆中注水，典型地再现大自然水面、旱地、树木、山石兼而有之的景观。水旱盆景是综合应用树木盆景、山水盆景之长。再现大自然水面、旱地、树木、山石兼而有之的景观，意境幽静，如诗如画。其表现手法分水畔型、溪洞型、江湖型、岛屿型和综合型 5 种。

（3）附石盆景类　以植物、山石、土为素材，分别应用创作树木盆景、山水盆景手法，按立意将树木的根系裸露，包附石缝或穿入石穴组合成景，并精心处理地形、地貌，在浅盆中典型地再现大自然树木、山石兼而有之的景观。其表现手法分根包石型和根穿石型。

**2. 山石锯截的程序**

（1）细致观石　在观石前先用笤帚或用铁刷子除去山石表面尘土等不洁之物，使山石的纹理、沟槽更加清晰可见。观石不仅要找出山石最好看的一面，还要找出山石的特点，最佳的观赏角度。常见自然形式的山石，多呈一头大，一头小，不规则的棱形或圆锥状。

（2）划出锯截线　在山石的何处锯截，一定要先划出锯截线，再用金刚砂轮锯截才不至于锯偏。山石锯截后，基部形成平面，可以稳稳站立。

（3）硬质山石的锯截　龟纹石、燕山石、英德石等质地坚硬的山石，要用金刚砂轮锯截。锯截时因锯片转动快，摩擦山石产生大量热量，此时一定要向锯截山石缝隙处洒水，以保证操作安全。如被锯截的下山石较小，保留部分较大时，操作者可用脚放在保留山石上加以固定，用手持金刚砂轮锯锯截。或用绳子把被锯的山石牢固捆绑在凳子上再锯截。使用台式锯锯截更加方便。

（4）松质山石的锯截　用笤帚或铁刷子把山石表面不洁之物清除，仔细观察山石，找出最佳观赏角度，划出锯截线，根据山石的不同硬度选用手锯或钢锯。操作时手要拿稳，开始要慢，当把山石锯到一定深度后，再加快锯截速度。

# 任务五　微型组合盆景创作

**【观察】**

图 1-21　微型组合盆景

对现有草本植物材料和盆钵进行仔细观察、分析，根据植物材料枝条的分布、大小、粗细、长势，再仔细构思，初步确定草本和微型盆景的式样。根据观察为草本和微型盆景选定一个适宜的盆钵。

## 【知识点】

**1. 重要概念**　微型盆景指的是盆体小于手掌范围的微型艺术盆栽。它是当前国际上盛行的主要盆景品种，也是目前我国盆景出口的主要新产品和实现中国盆景进万家的主要品种。微型盆景由于它小巧玲珑、造型夸张、线条简练、极具风趣，特别适合于家庭居室陈设。

草本盆景指的是用草本植物材料进行构思、创作加工而成的盆景。

**2. 上盆与蟠扎造型**　浅盆用铁丝、塑料网片或树叶，深盆用碎瓦片叠放填塞盆底出水孔。浅盆栽植大树时，首先要用金属丝穿过盆底孔固定树根于盆钵之间，避免因盆浅导致树木摇动影响成活。盆钵下层用大粒土（如泥炭）、中部用中粒土、上部用小粒土。盆土与树木根系要充分接触、压紧，以确保成活。栽种完毕要浇灌一次透水。新栽树木要放在无风半荫处，以防水分过度蒸发导致回芽。半月后恢复正常管理。

根据蟠扎使用的材料一般可以分为金属丝蟠扎和棕丝蟠扎两大类。棕丝蟠扎是川派、扬派、徽派传统的造型技艺；而海派，日本及世界各国当前普遍使用的是金属丝蟠扎造型技艺。

根据材料的大小选择好盆器。盆器又名盆钵、盆盎，是盆景的容器。在我国历来对盆景用盆十分讲究，这也是我国陶瓷工艺能够高度发展，取得辉煌成就的主要原因。自古以来许多技艺精湛的制盆名家，对盆钵的外形、尺寸、色彩、质地、图案等方面进行了深入的研究，制作工艺精益求精，因而制作了许多造型优美、工艺精湛、结构良好、经久耐用的盆钵，这些盆钵均具有极高的艺术价值。盆景创作时根据盆景材料的不同，选取合适的盆钵是盆景创作成功的基本条件。

## 【任务实践】

### 实践一　草本盆景制作

**1. 使用工具**　铁锹、筛子、毛刷、枝剪等。

**2. 操作步骤**

（1）观察与平面经营　对现有草本植物材料（旱伞草、粗肋草、彩叶草等）进行仔细地观察，初步勾勒出未来盆景的雏形。

平面经营，又称章法、构图、置阵布势，也就是指盆景布局。是将山石、水面、植物材料、配件等在画面上组织起来，或把植物材料根据立意塑造成一定的姿态并置于盆钵中的适当位置，以表现富有诗情画意的自然景观。盆景的意境是通过布局来体现的，一件成功的盆景作品取决于新颖的立意和理想的布局。

盆景的布局具有独特的规律，一般采用的艺术手法有主从分明、虚实相宜、比例得当、动感取势、对比协调等。

但一般根据盆景树木栽植分类情况，可分为1~2株设计方案、3株设计方案、多株设计方案三大类，设计时要充分考虑栽植材料的大小与多少，按照盆器的形状灵活设计。

（2）选取植物材料　根据构图立意的需要，选取合适于盆钵的草本植物。例如，旱伞草、粗肋草、彩叶草、吊兰、海芋等。

（3）脱盆剔土，修整根系　脱盆时可以先拍打盆钵的外壁，震动盆钵内的土壤，使盆钵与盆土脱离，而后侧放盆钵，取出植物材料。脱盆时也可用大拇指按压盆钵下部中央排水孔内垫支的瓦片，轻松取出植物材料。脱盆后，保留植物材料的护心土，把多余的土壤剔除，用枝剪修整植物材料的根系，把破损、病虫害、多余的根系修剪掉。

（4）栽植植物材料　栽植时盆钵底部的排水孔用两三个破瓦片覆盖，用过筛的粗粒土壤填至盆钵的1/3处，把植物材料按照构思的要求，栽植在盆钵的适当位置。盆钵的中上部分别填放中粒、细粒土壤，用木棍捣实，使盆土与根系接触紧密。盆钵上部应留出2~3cm的水口，以备蓄水之用。

（5）点缀石头或配件　根据设计的需要安放适当的配件和石头，不宜过多，应少而精，起到点题的作用。

（6）上盆铺苔　铺苔时应使苔藓块之间的接头自然，做到苔藓的颜色一致，铺好后就像苔藓在盆钵里自然生长多年一样。

（7）浇水　浇水要浇透，以盆钵底部排水孔流水为宜。或将上盆好的盆景置于水中，不再冒气泡。

（8）盆景命名　根据立意的需要给盆景起个雅俗共赏的名字。

**3. 检查**

（1）操作程序是否规范。

（2）有理有据地讨论和评价自己创作的盆景作品，有哪些需要改进的地方。

### 实践二　微型盆景制作

**1. 使用工具**　铁锹、筛子、毛刷、枝剪等。

**2. 操作步骤**

（1）观察与平面经营　方法同实践一。

（2）养胚　选准材料后，先疏去过多的枝条和残断的根系，选择在大于根系的泥盆中养胚一年后再换盆。换盆时将杂乱、繁密的枝条进行疏剪，以防刮风晃动影响根的生长；对于较大的树木最好设立支柱或用绳固定根颈部，再继续养胚。

（3）主干造型　主干是微型盆景显露其艺术造型的主要部分。造型上可根据主干的自然形态取势、顺理成章，称为因干造型。例如：直干式，主干不需要蟠扎，蓄养侧枝即可；斜干式，上盆时将主干倾斜栽植即可，倾侧一方的枝应多保留，长而微微下垂些；曲干式、悬崖式，可用铁丝将主干弯曲，为增强苍古感，还可对主干实行雕琢，或锤击树皮。

（4）枝丛造型　微型盆景的枝叶不宜过多、过繁，否则地上与地下部失去平衡，应以简练、流畅为主，以达到形神兼备，充分显示自然美。所以，在整形与修剪上可对那些杂乱枝进行处理，如交叉枝、反向枝、重叠枝、轮生枝、对生枝、Y形叉枝。

蟠扎枝条时不要单纯追求弯弯曲曲的形式，要避免呆板和造作。要根据自然形态先进行设计与构思，然后再蟠扎。

（5）露根处理　微型盆景的露根处理，可弥补盆面树体主干细小的单调感，增加观赏价值。常用方法有提根栽植法和盘根法：

①提根栽植法，即在栽植树木时，将根颈部直接提起，高出盆面一部分，然后用泥土和苔藓壅培，经过一段时间的浇水和雨水冲刷，逐渐裸露出根系。

②盘根法，对于根系强健的树种在上盆时可将其根系在根颈处盘结起来，上盆栽植时让其裸露在盆面，形成盘根错节、苍古入画的意境。

（6）点缀石头或配件　不宜过多，否则主题不明确。

（7）上盆铺苔　苔藓块与块之间应该严密，以看不出接头为好。

（8）浇水　上盆后第一次浇水要浇透水。

（9）盆景命名　依据盆景创作的立意，给盆景起一个雅俗共赏的名字。

（10）悬崖式造型　除常用的蟠扎方法外，还可使用倒悬法和倒盆法进行造型。倒悬式造型指的是在树木萌芽前将枝条比较柔软的树种，用绳捆在盆钵上，然后将盆倒着悬挂起来，利用植物自然极性生长（向上）的特性，形成树形结构，最后再将盆放正，即成形。倒盆法指的是将盆钵倒放，利用自然生长的特性达到造型目的的一种方法（图1-22）。

图1-22　悬崖式造型中倒悬法和倒盆法
a. 倒悬法　b. 倒盆法

**3. 检查**

（1）操作程序是否规范。

（2）有理有据地讨论和评价自己创作的盆景作品，有哪些需要改进的地方。

## 【关键问题】

### 1. 盆景的平面经营

也就是布局，这是盆景创作成败的关键所在。是指将山石、水面、树木、配件等在画面上组织起来，或把植物材料根据立意塑造成一定的姿态并置于盆钵中的适当位置，以表现富有诗情画意的自然景观。盆景的意境是通过布局来体现的，一件成功的盆景作品取决于新颖的立意和理想的布局。

盆景的布局具有独特的规律，一般采用的艺术手法有主从分明、虚实相宜、比例得当、动感取势、对比协调等。但一般根据盆景树木栽植分类情况，可分为1～2株设计方案、3株设计方案、多株设计方案三大类，设计时要充分考虑栽植材料的大小与多少，按照盆器的形状灵活设计。盆景布局确定之后，用图纸绘制下来，以便征求意见、讨论提高或者施工。

草本盆景创作过程中，针对不同地理起源的植物材料配置适宜的盆土、选择适宜的盆钵是创作成功的基础，而植物枝条的布局构思、式样、片层的设计则是成功的重要组成部分。

对微型盆景而言，枝干的造型构思、设计和配盆是相对较为重要的内容。

### 2. 微型盆景的配盆技艺

①悬崖式：高深的签筒盆。

②直干、斜干式：腰圆或浅长方盆。

③弯干、低矮植株：宜配圆形或海棠形盆。

④高干植株：宜配多边形浅盆。

## 【思考与讨论】

1. 盆土的配置有哪些值得注意的问题？

2. 适宜做草本盆景的植物材料有哪些？

3. 当地有哪些适宜的微型盆景材料？

4. 微型盆景加工的技术要领有哪些？

## 【知识拓展】

### 1. 盆景创作三步走

盆景创作一般分三步完成，第一步就是材料准备；第二步是盆景设计（艺术构思或者称之为形象思维）；第三步是盆景制作技术。其中材料准备又可以分为苗木培育、树桩采集和盆土配制三部分；盆景设计分为平面设计、造型设计、枝片设计三部分；盆景创作又包括修剪、蟠扎、雕干、提根、点缀、上盆六部分，简称为一剪、二扎、三雕、四提、五点缀、六上盆。

**2. 盆景艺术造型的表现种类**

古：多为树桩盆景。以松为主，塑造古老苍劲的形象。

幽：用茂密的植物和山石构成，表现一种丛林峡谷的意境。

雅：以兰为主，形成幽雅、温馨的气氛。

俏：以梅为主，形成俏丽多姿的格调。

雄：以山石为主，配以树木、建筑，气势磅礴，姿态雄伟。

险：以山石为主形成陡峭崎岖之势。

清：以竹为主，幽雅清新。

秀：用材广泛，有山、水、花木等，构成秀丽脱俗的胜景。

奇：多选择造型奇特的山石，构成奇丽险峻的胜景。

旷：多为水石盆景，构成空阔、迤逦的海滨风光。

**3. 盆景的配石与配件**　盆景中常用山石或配件与植物配合布置，这是我国盆景艺术的一种独特造景手法。在一盆松柏盆景中，配置一些山石，会使盈尺之树，显出参天之势。在悬崖式的盆景中，放置尖削的峰石于根际，就仿佛树木生长在悬崖绝壁之上。树桩盆景有山石点缀，就增添了诗情画意和自然趣味。松树配石的盆景和竹配石的盆景，都是一种衬托和对比的手法。

配石可分自然式和庭园式，自然式配石即模仿山野树木与奇峰怪石的自然配合；庭园式配石即模仿庭园中人工布置树石的配景。配件是指亭、台、楼、阁、动物和人物等小型陶瓷质或石质模型。树木盆景增加配件后，可增添生活气息。应用配件时，要注意符合自然环境和景趣，注意远近、大小比例以及色彩的调和。配件通常放置在盆景的土面上或配石上。供陈设观赏或展览的临时性装饰处理，在平时一般不放置配件，以免影响树木的浇水、施肥等管理工作。

**4. 微型盆景适宜的树种**

针叶类：五针松、华山松、小叶罗汉松、黑松、锦松（黑松变种）、白皮松、杜松、桧柏、真柏、紫杉等。

杂木类：观叶树种有红枫、紫叶李、紫叶小檗、斑叶枫、花叶竹、金边瑞香、朝鲜栀子、水蜡、银杏、文竹、小叶白蜡、黄栌等。观花树种有杜鹃、山茶、茶梅、福建茶、六月雪、梅花、碧桃、紫薇、海棠、樱花、紫荆、栀子、羽叶丁香、小叶丁香、榆叶梅、贴梗海棠、金雀、锦鸡儿、迎春、迎夏、郁李、麦李等。

果木类：小石榴、金弹子、南天竹、老鸦柿树、寿星桃、火棘、金橘、佛手、山楂、枸子、枸杞等。

草本类：菖蒲、姬鸢尾、水仙、半支莲、万年青、小菊、吉祥草、万年青、兰花、碗莲、姬睡莲、小芦苇等。

藤木类：金银花、凌霄、络石、常春藤、爬山虎等。

# 模块二 插花作品创作与设计

## 任务一 处理插花花材

**【观察】**

观察 1. 露地栽培的观赏植物哪些可以用来插花？

观察 2. 花卉市场出售的切花都有哪些种类？

观察 3. 怎样确定花材的新鲜程度？

观察 4. 如何对花材进行修剪？

观察 5. 怎样弯曲花材？

观察 6. 如何固定花材？

**【知识点】**

可用于插花的植物材料很多，这些不同外貌特征、不同色彩的植物材料统称为花材。木本花卉的枝干、果实、花枝，草本花卉的花与叶，藤本植物的茎枝以及其他可供观赏的芽、根、树皮、气生根等都可应用于插花中。

**1. 花材的种类** 花材根据外形可以分为线状花材、团块状花材、散状花材、特殊形状花材、叶材等。一般插花过程中，线状花材用于构成插花骨架，团块状花材作为插花的主题，特殊形状花材多用于突出焦点部位，而散状花材用来对整个花型进行填充。

（1）根据花材的外形分类

①线状花材 唐菖蒲、金鱼草、水仙、文心兰、蛇鞭菊、飞燕草、石斛兰、紫罗兰、羽扇豆、晚香玉、毛地黄等草本花材都具有长条状的花序；麦冬、中国兰花、吊兰、熊草、文竹、天门冬、常春藤、垂柳都具有优美的线条；龙柳、龙桑、龙枣、竹子、银芽柳、腊梅、梅花、碧桃、迎春、连翘、山茱萸、绣线菊、黄刺玫、榆叶梅、桂花、玉兰、木槿、含笑、海棠、栀子花等也具有飘逸自然的线条，这些都属于线状花材。

②团块状花材 月季、菊花、荷花、鸡冠花、香石竹、郁金香、八仙花、

牡丹、芍药、非洲菊等花朵为团块状；龟背竹、绿萝、鹅掌柴、春羽、小天使蔓绿绒、八角金盘等叶形为团块状。这些都称为团块状花材。

③特殊形状花材　红掌、鹤望兰、百合、蝴蝶兰、马蹄莲、兜兰、猪笼草、垂花鹤鸟蕉、唐棉、乳茄、帝王花等在插花中属于高档花材，通常因为其外形奇特，价格较高，多作为焦点花使用。

④散状花材　满天星、情人草、勿忘我、小菊、紫菀、一枝黄花、多花香石竹、澳洲腊梅等由于其纤巧的外形、密集的小花、淡雅的色彩在插花中均作为填充花型的空隙使用，又叫填充花。

（2）根据花材的观赏效果分类　根据花材的观赏效果，一般花材有观花类、观叶类、观果类以及观枝类等。每种类型都有一些典型的种类。在日常生活中，利用观赏效果进行分类更能使人理解花材的观赏性状。

①观花类　花朵或花枝具有较高观赏价值的花卉称观花类。如牡丹、梅花、菊花、月季、唐菖蒲、香石竹、百合、非洲菊、八仙花、鸡冠花、紫罗兰、郁金香、木槿、荷花、碧桃、山茶、杜鹃、海棠、玉兰等。既可欣赏花形，又可欣赏花香的种类，如桂花、栀子花、米兰、白兰花、水仙、茉莉等也属于观花类。

②观叶类　叶子具有优美外形或者亮丽叶色的花卉种类称观叶类。如龟背竹、蓬莱松、文竹、巴西铁、一叶兰、富贵竹、美丽针葵、鱼尾葵、栀子、椰心、八角金盘、小天使蔓绿绒、天门冬、肾蕨、鸟巢蕨、香蒲、秋海棠、花叶芋、马蔺、鸢尾、水葱、棕榈、竹蕉等。

③观果类　丰硕的果实挂满枝头寓意丰收的景象，在插花中使用的果实有乳茄、石榴、玉米、高粱、金丝桃、山归来、火棘、南天竹、柿子、山楂、海棠、佛手、金桔等。

④观枝类　色彩艳丽或者枝条虬曲的枝条也是插花中使用较多的材料。如：红瑞木、棣棠、竹子、松、柏、龙柳、龙枣、龙桑、白木、柳条、富贵竹等。

**2. 花材的选择**　在插花过程中对于花材的选择需要具有丰富的经验，一要根据造型需要合理选择花材；二要根据花材的季节及生态特点进行选择；三要根据花材各自的品性进行选择和搭配，一个优美的造型首先要有优良的花材。

**3. 花材的采集及选购**　采集花材一般要求在近邻绿地中或者郊区距离不太远的田野，这样可以方便运输及花材的保鲜，如果要去山野或较远的地方采集必须携带塑料袋及脱脂棉，用蘸水的脱脂棉包住花材基部，再将花材放入塑料袋中用皮筋扎住袋口，带回后及时将花材放入水中，吸足水分备用。注意应在早晨露水还未散尽的时候采集花材，因为这时花叶都饱含水分，有利于保鲜和长期观赏，如果在中午采集会因为太阳照射使得花叶失水过多，从而造成花材萎蔫。

选购花材时一定要注意其新鲜程度，新鲜花材叶片具有光泽，冷藏过的花材光亮度丧失。如果花材放置过久，花头失水弯垂或失去弹性，有的花会出现花心霉变或花瓣边缘变褐或焦枯，还有的花会因为衰败而引起花瓣脱落。另外，花材在贮藏运输过程中会因为失水或贮藏温度过高而提前衰败。在水桶中放置过久的鲜花会产生基部变褐、被微生物感染而表皮脱落或变臭，这样都将严重影响花材的观赏寿命。有的花材因受冻也会缩短观赏寿命。选购花材最好选择半开或者含苞待放的种类。选购时对于未完全开放的花朵用手轻捏花托，如果仍然具有弹性，说明花材营养充足；如果软绵，说明营养消耗过多，花开不能持久。

**4. 花材的保鲜**　花材切离母体以后，水分和养分的供应中断，但是生命仍然在继续，如果处理不当，容易加速花材的萎蔫，失去观赏价值。

要保证花材具有较长的观赏时间，首要的问题是保持水分的充足。从古至今，有很多方法用来解决花材水分的供应问题。

（1）**倒淋法**　将花材根部朝上放在自来水管下反复冲淋几次，然后用湿报纸松松地包上枝梢和根部，放在潮湿的地方，就可以使已经出现萎蔫的花材复苏。

（2）**水中剪切法**　可以剪去在采运中导管吸入空气的茎段，使切口与空气隔绝，从而保持导管内吸水通畅。再者水中剪切可以将受污染的茎段剪掉，保持花材切口新鲜。

（3）**深水养护法**　将已经萎蔫的花材浸入深水中急救的一种方法，一般浸水深度可达到花头下部，利用水压将水分压入导管，使花材在 1～2h 内吸水复苏。

（4）**扩大切口法**　在修剪花材时将切口修成马耳形，扩大切口面积，以增加吸水量。对于枝茎较粗的木本枝条还可以将基部的部分皮层切去，减少吸水障碍。

（5）**注水法**　水生花卉如荷花、睡莲等，花茎内部为疏松的海绵组织，吸水较慢，可以使用注射器将水注入茎内，以排除空气，增加保水力。

（6）**切口处理法**　使用切口烧灼法（将含乳汁较多的花材，如一品红、绣球等将切口在酒精灯或蜡烛上烧灼，然后放入冷水中，既可灭菌消毒，又可防止导管堵塞，以利吸水）、切口浸烫法（将花材基部 3～4cm 浸泡在开水中 2～3min，立即移入冷水中，既可以杀灭切口的细菌，又可以利用高温将切导管内的空气排出）、切口化学处理法（使用酒精、食醋、维生素 C 片、薄荷油等可以灭菌防腐、促进吸水）等可以延长切花的瓶插寿命。

（7）应用切花保鲜剂　应用切花保鲜剂可以显著改变切花的吸水性，减少失水量，增加营养。但是不同的切花种类使用的保鲜剂配方不同，总起来保鲜剂包含以下成分：抗氧化剂，如抗坏血酸、硫酸亚铁等；乙烯清除剂，如高锰酸钾；杀菌剂，如 8-羟基喹啉、硼酸、苯甲酸等；营养剂，如蔗糖。

（8）水养用水　插花用水也是花材保养的重要因素，《瓶花谱》写到，"凡花滋雨露以生，故瓶中养花，宜用天水。不得已则用清净江湖水，井水味咸，养花不茂。插花之水，类有小毒，须旦旦换之，花乃可久，若两三日不换，花辄零落"。自来水必须贮存一夜后才可使用。

**5. 瓶插寿命**　瓶插寿命是指鲜花或其他观赏材料在清水中水养持续的天数。插花中根据每种花材的瓶插寿命决定插花造型的整体观赏寿命。

**6. 花语**　花语是各国、各民族根据各种植物，尤其是花卉的特点、习性和传说典故赋予的各种不同的人性化象征意义。是指人们用花来表达人的语言，表达人的某种感情与愿望，在一定的历史条件下逐渐约定俗成的，为一定范围人群所公认的信息交流形式。

## 【任务实践】

### 实践一　花材的整理

**1. 材料用具**

（1）材料　各种应季花材。

（2）用具　剪刀。

**2. 操作步骤**　拿到花材后首先打开包装，将花材的基部修剪掉 2～3cm，放入盛有清水的水桶中，让花材吸水顺畅。

对于切花月季可留先端 2～3 片叶子，其他叶子和棘刺用玫瑰钳去除。使用玫瑰钳时力度要均匀，不可伤到月季枝茎的表皮。

去除花枝上的萌蘖、菊花上开花不好的小花、香石竹的侧芽、月季的侧枝、唐菖蒲和洋桔梗以及多头小菊、多头香石竹等花材上已开败的小花要及时摘除。

剪除受污损的残断枝叶，黄叶、枯叶也一并剪除。月季花苞外观赏效果不佳的花瓣也应在插花前去除 1～2 片。花朵外缘有残缺的花瓣要拔去。

月季可以采用对花心吹气的方法将花吹开，香石竹可捏住花托一边转动花朵，一边用手打开花瓣促其开花，非洲菊则用手掌向花瓣施加压力让其平展。

衬叶在使用前要将其完全泡在水中，让其吸足水分，保证较好的观赏效果。

**3. 检查**

（1）花材是否新鲜。

（2）花材是否刚开放？保存是否合理。

（3）花材整理是否符合要求。

### 实践二 修剪花材

**1. 材料用具**

（1）材料 各种应季花材。

（2）用具 剪刀。

**2. 操作步骤** 草本花材可以根据插花花器的大小和构思立意以及构图的需要，对花材的长度按照比例进行适度修剪。

木本花材在修剪时首先要仔细观察，分辨出枝条的正反方向，找出枝条最美的朝向和部位，根据造型的需要选择姿态优美的主枝，反复斟酌，尽量顺应花材自身的自然姿态确定花材最美的枝干。对于分枝则需将内向枝、病虫枝、交叉枝、干枯枝、平行枝、细弱枝等有碍观瞻的枝叶和过于繁密的枝叶适当剪除。要仔细审慎考虑侧枝的分布位置，不能不加思考地任意剪除。对枝叶的去留拿不定主意时，不要急于修剪，待插花过程中发现影响其他花材时再修剪也来得及。

草本花材采用直剪便于固定；木本花材采用斜剪，有利于花材吸水及固定。为了使木本花材吸水顺畅，可以采取劈开切口、斜剪后切十字、切口涂浸药物等方法。

花材的修剪技巧与插花者的艺术修养及插花技能密切相关，初学插花一定要认真练习。

**3. 检查**

（1）花材是否符合造型要求？

（2）经过修剪的花材外形是否符合要求？

（3）经过修剪的花材体量是否符合要求？

### 实践三 弯曲花材

**1. 材料用具**

（1）材料 各种应季花材。

（2）用具 剪刀、铁丝、订书机等。

**2. 操作步骤**

（1）草本花材的弯曲 可以采用捋、揉的方法，使叶形飘逸自然，使花朵枝茎弯曲伸展。

直接用手弯曲，将两手大拇指相对，贴近需要弯曲的地方，然后缓缓用劲弯曲花茎或叶柄，如枝茎坚硬，可以将铁丝绑在花茎或叶柄上，借助铁丝的力量将花枝弯曲后不再复原。

在花茎中穿入铁丝，再根据需要弯曲到适当角度。

一叶兰、巴西铁等可以采用卷叶法进行弯曲。

也可以用订书机将叶子弯卷后固定，通过这种方法可以将叶子做成圆筒状，以方便造型。

（2）木本花材的弯曲　木本花材由于分枝角度和枝条弯曲度不能尽如人意，在插花前一定要进行弯曲处理。

比较大的枝条可以采取加楔撑、铁丝缠、铁丝绑等方法将枝条弯曲到合适角度。

一般枝条可以采用手掰、握曲、扭曲、打圈等方法进行弯曲。

**3. 检查**

（1）花材的弯曲是否自然顺畅？

（2）花材弯曲是否符合造型要求？

### 实践四　固定花材

**1. 材料用具**

（1）材料　各种应季花材。

（2）用具　剑山、剪刀、花泥、花瓶等。

**2. 操作步骤**

（1）剑山固定法　在东方插花中常用剑山作为固定花材的工具（图2-1），剑山一般是铅锡合金制作的底座，上面密布尖细的铜针，现在也有使用不锈钢针，这样不容易造成铜锈污染水质。剑山固定花材比较牢固，尤其对于家庭或者展览场合，使用剑山固定花材能够重复使用，节省开支，同时剑山较好的稳固性可以保持花型。

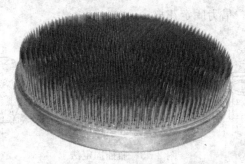

图2-1　剑山

　　草本花材使用剑山固定时，要根据花材的粗细选择合适的插法，粗大的枝条可以斜剪、直插，需要倾斜角度时再将枝条压到合适的位置。如果枝茎较为细弱可以将枝条绑到一段短枝上再固定到剑山上，也可以将多根细枝绑在一起再插到剑山上。

　　木本花材固定时，粗大的枝条不能直接插到剑山上时，可以使用木板将枝条钉到木板上，然后将剑山放到另一个剑山上压住；一般枝条可以斜剪插到剑山针上或者针间缝隙中。为了保证固定稳固，要使枝条在剑山上分布均匀，不可偏于一方。

　　（2）花泥固定法　如图2-2所示，花泥是一种酚醛发泡材料，由于质地较轻，具有很好的吸水性，方便切割，可以任意方位插制花材，便于包装运输，因此在现代插花中大量使用。

图2-2　花泥

　　花泥在使用前要放入水盆或水桶中充分吸水，在插花养护中要每天向花泥上洒水，以提供花材所需水分。

　　使用花泥插花时要将花材斜剪，插入花泥部分要稳固，一般插入深度在3cm左右，太浅花材固定不稳；太深容易将花泥插透，影响花材吸水保鲜。因花泥上插出的空洞不能复原，一般在使用时要尽量不要反复插拔花材，造成花泥烂开或者松散而影响使用。细弱的花枝不容易固定可以在花材基部塞入牙签或者铁丝，也可以用细枝先插出一个小洞，然后再将花材插入并固定。

　　（3）瓶插固定法　使用花瓶插花最难做的是固定，因为花瓶口没有支撑，要保持花材的稳定必须将花材基部固定才能进行造型。

　　如图2-3所示，可以采用在瓶口加担木的方法，缩小瓶口的空间，在担木形成的小空间里花材的移动范围缩小，靠花材间的张力固定花型。

　　折枝固定法，将花材基部折曲，靠自身的支撑固定。也可以在花材上绑缚小枝段，增加支点，借力固定花材。

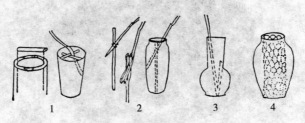

图2-3　瓶插固定法
1.瓶口隔小法　2.接枝法　3.弯枝法　4.铁丝网固定法

### 3. 检查

（1）在剑山上固定花材是否符合要求？

（2）花泥固定是否牢固？

（3）担木的制作是否符合要求及固定是否稳固？

## 【关键问题】

### 1. 花材的采集

（1）采集花材的时间要清晨带露。尽量不选择晴天中午采花材。

（2）不要集中在一块地方采集花材，分散多处，每处少量采集。

（3）在野外采集花材时，绝对不要破坏整株植物，草本植物不能连根拔起，木本植物不允许采集主枝主干，做到既能积极保护，又能科学利用植物资源。

### 2. 花材选购原则

（1）花材购买时要新鲜刚上市的种类，不要购买便宜的开败的残花。

（2）要根据选择要求，观察花朵、花茎、花根各部分是否符合要求，新鲜无破损。

### 3. 花材整理中要掌握的要点问题

（1）花材修剪要符合自然原则，形状改变要自然，与其他花材协调。

（2）花材弯曲时应符合植物生长规律，不能将花材折断、枝叶扭曲过度，对花材的美感无破坏效果。

（3）固定花材时要符合生长要求，自然、舒展。

## 【思考与讨论】

1. 花材采集时需要注意的问题有哪些？

2. 如何购买鲜花？

3. 怎样根据造型需要对切花进行处理？

## 【知识拓展】

**1. 亚洲花店业协会** 亚洲花店业协会，又名亚洲花卉销售业协会或亚洲花卉零售协会（Asian Flower Association），是目前亚洲地区花卉行业中最具权威行业组织。现有韩国、日本、中国、新加坡、马来西亚等十几个成员国（或地区）。亚洲花店业协会致力于促进亚洲地区花卉行业的贸易与文化交流，其每3年举办一次的亚洲杯花卉大赛，是目前亚洲地区最具权威性和观赏性的花卉赛事。

**2. 中国插花花艺协会以及各省市的插花协会**  中国插花花艺协会（China Association of Flower Arrangement Art 缩写：CAFAA）成立于 1990 年，由中国插花花艺界的科研、生产经营单位、插花艺术家和爱好者自愿联合而成的全国性的非盈利学术团体。属中华人民共和国农业农村部业务主管社团之一，国家一级协会，住所北京。

各省市的插花协会，如北京插花艺术研究会、上海市插花花艺协会、广州插花协会。

**3. 插花比赛**

（1）世界杯插花花艺大赛  又称鲜花电送业协会大赛，缩写 FTD，每四年举办一次。

（2）亚洲杯插花花艺大赛  亚洲杯插花花艺大赛是国际花艺界三大赛事（亚洲杯插花花艺大赛、欧洲杯插花花艺大赛、世界杯插花花艺大赛）之一，每 3 年举办一次。参赛选手主要为亚洲各国和地区推荐的优秀插花选手。

（3）中国杯插花花艺大赛  中国杯插花大赛由中国花卉协会主办。第一届于 2005 年 6 月 10～13 日在沈阳举行，第二届于 2009 年 4 月 29～5 月 3 日在西安举行。

# 任务二  制作西方式传统插花

## 【观察】

图 2-4  半球形插花

观察 1. 由图 2-4 所示，你认为西方式插花的风格特点是什么？

观察 2. 西方式插花使用的花材有哪些种类？

观察 3. 西方式插花的色彩如何搭配？

观察 4. 图 2-4 中半球形插花的造型特点是什么？

## 【知识点】

### 1. 西方式传统插花的风格特点及分类

（1）风格特点　传统的西方插花是以欧洲为代表，欧洲的插花艺术产生于16世纪或更早一些。西方插花色彩浓艳，绚丽耀目，杂而不乱，层次分明，有明显的轴线。讲究规则几何形，故又称规则式插花。花材选用花朵硕大饱满、色彩艳丽的草本花卉为主。一些观叶类及观果类花材也可配插在规则式托花中。在插花时讲究花卉色调和谐，花朵分布均匀，整体艺术效果甚佳，兼有装饰美化的作用，给人以热烈、气派的感觉。

（2）西方式传统插花的分类　常见的西方插花，可分为对称式和非对称式两种类型。对称式有圆球形、椭圆形、球面形、三角形、金字塔形、放射形等；非对称式有S形、L形、半月形等。

①圆球形：圆形丰满、稳定、完整、对称。主体以花朵为主，花型使用圆形或横宽的花朵为好。花材可选用月季、郁金香、菊花、翠菊、百日草、金盏菊等花朵为主体，然后在花朵间隙及外缘适当插置陪衬花材，以完善造型，花器也应融合为圆球形轮廓的组成部分，故花器通常使用浅盆。

②椭圆形：玲珑精巧，优美端庄。主体宜用花序较长的花材，如唐菖蒲、鸢尾、飞燕草，狗尾草等。做到中央花枝较高，两侧花枝渐低。

③球面形：此花型用于宴会餐桌上的插花形式。花材宜低一些。要求中央花枝稍高，周围的花枝略低；中间的花朵稍大，周围的花朵宜小，形成花形低矮、宽阔、面面皆圆的球面形。花材可选用红色或粉红色的月季、香石竹、扶郎花、菊花等。陪衬的绿叶植物可用文竹、天门冬、蕨类植物等。花器宜用圆形或长方形浅盆。

④三角形：稳重、匀称、气氛欢乐、热烈。花材宜选用花朵较大，色彩艳丽的鲜花，如郁金香、香石竹、菊花、大丽花、美人蕉，以及柏枝、蕨叶、文竹、天门冬等。花器宜用广口的钵、盂、盆等，但以浅矮为好。

⑤L形：为西方插花的常见形式，属于不对称构图插花。先在两条直角边上插置较长花枝，花朵可以小一些，用穗状花序还能起到向前、向上的感觉。而在转弯的地方（即面向斜边的中间部位），宜插置花大色艳的短花枝，以加强动感。所用花器以长方形的浅盆为佳。

⑥半月形：半月形插花伸展飘逸，清新幽静，会使人产生置身于花前月下之感。花材应选用柔软易弯的草花进行造型。插置时要按照半月形线条来伸展，根据花枝长短而配置于不同的方向上，长枝上伸，短枝下展，大型花朵置于中下侧稍宽的部位，小型花朵和花蕾置于两端，这样使构图中心下延，更具

弯月感。花器为用长方形扁平浅盆为好。

⑦S形：S形线条，有时也称为蛇形曲线条，是西方人认为最优美的线条。这种插花曲折回荡，宛若游龙，富有动感，别有一番情趣。花材宜细瘦，花朵宜小，枝干柔软便于弯转。花器以玻璃花瓶或瓷质花瓶为宜，若花瓶自身有一些曲线则更佳。

**2. 插花中的造型原则**　插花造型的三要素：形态、质感、色彩是插花造型的三要素。

质感是设计中最重要的元素之一，是物品表面的特性，如滑顺、粗糙等。插花是将各种不同的植物材料组合在一起，由于植物材料种类繁多，质感各异，有的轻柔、娇嫩，有的粗糙。由于生长环境不同，野生植物与温室里的花朵在枝干上都有较大差别。所以，插花是要根据造型需要，合理使用和搭配不同质感的材料，才能够创作出理想的作品。质感的协调和对比也是插花中的表现手法。

插花造型是运用不同花材的形状和姿态来表现主题。如利用线状花材表现挺拔和飘逸，利用面状花材表现空间的延伸，用散状花材表现组团或朦胧的感觉。通过点、线、面的合理搭配共同组成插花造型。

色彩的应用是插花中最有效最直观的观赏要素。通过色彩的明度、彩度、色相、冷暖感、轻重感、远近感等充分体现。色彩的设计是对色彩的合理搭配，通过同色系的使用、近似色的使用、对比色的使用达到最佳的观赏效果。

**3. 插花造型的基本原理**　均衡与稳定、多样与统一、对比与调和、韵律与动感是插花创作的四项基本原则。

比例：作品的大小、长短、各部分之间以及与环境的协调和比例关系都遵循黄金分割比。一般花型与花器的比例确定在 1.5～2 倍，作品与环境间也在 2 倍范围内。三主枝之间遵循 8：5：3 的比例，即：

第一主枝的高度＝1.5～2×（花器直径＋高度）

第二主枝的高度＝2/3～3/4×第一主枝

第三主枝的高度＝2/3～3/4×第二主枝

体量也遵循这个比例。

花材插制时符合"上轻下重、上散下聚、上浅下深、上小下大"的原则。要做到"起把紧""瓶口清"。"起把紧"，是指在插花中要将花材基部尽量插得紧凑些；"瓶口清"，是指插花造型的瓶口部位不能有过多的枝叶覆盖，更不能有垂挂的花枝，这样才能使瓶口清爽，花型端正。

插花中的多样是指以一种颜色或一种花材为主，其他花材陪衬。要讲究花材的呼应或颜色的呼应。

要注意焦点的寻找。插花造型中距离花型基部 1/5～1/4 的位置是焦点位置。

韵律与动感是插花中较常采用的手法，在不同插花造型实践中可以创作出间隔或渐变的韵律来。

在插花中花材的层次决定花型的立体感和景深，一般每层花比上一层低 1～1.5 个花头。

## 【任务实践】

### 实践一 插制三角形花型

**1. 材料用具**

（1）材料 红色香石竹 17 枝，针葵叶 5 枝，一枝黄花 1 扎。

（2）用具 剪刀、浅盆一个，花泥半块。

**2. 操作步骤**

（1）将花泥先用水泡透，切半块放入浅盆中，花泥高度控制在高于浅盆 2～3cm 为宜。

（2）花材整理，将香石竹花头用手打开，使花开更大些；针葵叶剪成宽楔形。

（3）插骨架花 如图 2-5 所示，选一只花茎比较粗大挺拔的香石竹作第一主枝，按照花器直径加高度的 1.5～2 倍确定其长度，将香石竹插到花泥偏后部 1/4 处，深度 3cm 左右。选两枝香石竹作为第二、第三主枝，按照第一主枝长度的 2/5 修剪成相等长度，沿水平方向分别插入第一主枝左右两边的花泥上。另选一只香石竹剪成第二、三枝的 1/3～1/2 长，水平插入花泥的正前方。这样由四枝香石竹构成三角型花型的骨架。

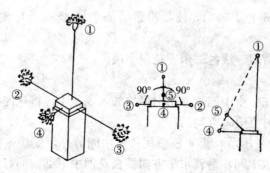

图 2-5 三角形插花

（4）焦点花的插制　选一枝花朵端正、花头较大的香石竹作为第五枝，插在花器口向上 1/4 处的正前方，固定后花头位于第一、第四主枝的连线上。

（5）主体花插制　沿着第一、第四主枝再插入两枝香石竹，长度也不超过第一、第四主枝的连线，使花型正前方形成一条由 5 朵香石竹组成的美观规则的观赏线。沿着第一、第二主枝间，第一、第三主枝间也均匀插上两枝香石竹，长度不超过第一、第二主枝与第一、第三主枝的连线，在花型左右形成两条观赏线。在第二、第四主枝间，第三、第四主枝间分别插入一枝香石竹，长度不超过第二、第四主枝，第三、第四主枝形成的连线，在花型基部形成一条漂亮的弧线。另外，选择 4 枝香石竹分别插在花型前方的空隙中，完成整个花型主花的插制。

（6）填充花插制　用一枝黄花插入香石竹花朵间的空隙中，长度为固定后花枝尖端在香石竹花头上下 1cm 处，起到填充和点缀效果。

（7）衬叶的插制　将预先剪好的 5 片针葵叶在第一、第二、第三主枝后部插入花泥，长度比所修饰的主花长 2～3cm 为宜。这样一盆由 17 枝香石竹构成的三角形插花全部完成。

**3. 检查**

（1）花型是否底部水平，两侧对称。花枝长度一定要满足花型要求，如果花材固定后花朵顶部高出或低于要求的位置，可以将花材拔出重新插，或者将花枝插深些。

（2）该花型是最为稳定的几何形状，具有稳固、庄严、雄伟、壮丽等特点，适用于大型隆重的庆典活动，三角形长宽高的规模可以从三四十厘米到数米不等。插制时可以使用线状花材作为骨架花，团块状花材作为主体花，也可以全部使用线状花材插整个造型。

### 实践二　插制半球形花型

**1. 材料用具**

（1）材料　粉色月季 17 枝，粉色香石竹 8 枝，鱼尾葵 4 枝，满天星一束。

（2）用具　剪刀、浅盆一个，花泥半块。

**2. 操作步骤**

（1）将花泥先在水中泡透，切出半块放入浅盆中，将花泥各个角削得平滑些，以便于插花时有更多空间。

（2）如图 2-4 所示，将 4 枝鱼尾葵从中间剪开，变成 8 枝，在花泥的左右前后及 4 个方位中间，沿着水平方向插在花泥中下部。插好的衬叶在水平方向形成一个圆。

（3）骨架花的插制　选择8枝粉色月季，剪成相等长度分别插在8枝鱼尾葵上方，插出的图形仍然保持水平方向的圆形。

（4）焦点花插制　选择一枝开花丰满美丽的月季，剪成20～25cm的长度，垂直插入花泥正上方。该花枝即为整个花型的焦点，其长度一般控制在20～25cm，也可以将花材剪得更短，这样花型会显得更低矮、稳定，并且花材的吸水性更好。不过在布置环境时一定要根据环境及客户的要求确定。但是，焦点花如果剪得过长，会使得造型更高，需要更多的花材填充缝隙，同时会形成头重脚轻的感觉。

（5）主体花第一层的插制　选择4枝粉色月季剪成相等长度，在第一层花向上30°位置沿着前后左右4个方向插入花泥。另选择粉色香石竹4枝插在该层每两枝月季之间，形成月季与香石竹间隔插制。

（6）主体花第二层的插制　按照与第一层主体花相似的插制方法，将4枝月季与4枝香石竹间隔插入花泥，但与第一层不同的是相差90°。

（7）填充花的插制　将满天星慢慢打开，使得每一朵小花都能自由伸展，剪成合适长度插入主花空隙中，满天星作为陪衬插好后其高度应该在主花上、下1cm的地方，过长影响主花观赏效果，过短起不到陪衬作用。

**3. 检查**

（1）花材使用不可品种过多，颜色可选择一种为主，其他补充。切忌五彩缤纷、杂乱无章。

（2）花材长短一致，花头都分布在球面上，并且保持各花头间隔相等。该花型适合公共场合如会议室、宾馆大堂、办公室和家庭中客厅、餐桌等处的布置。

## 实践三　插制弯月形花型

**1. 材料用具**

（1）材料　针葵叶3枝，红色月季1扎，白百合2枝，小菊1扎。

（2）用具　剪刀、花钵1个，花泥1块。

**2. 操作步骤**

（1）先将花泥用水泡透，切成合适的大小放入花钵中，花泥高出花钵3～4cm为宜。也可使用浅盆插制弯月形造型。

（2）如图2-6所示，衬叶的修剪与插制。选择3枝弯曲度较大的针葵叶，将边沿的小叶修剪成整齐的楔形，使花材显得纤细、轻巧。在花泥左边斜向上方反向插入1枝针葵叶，长度为花钵直径的1.5～2倍，再在第一枝叶子斜下方反向插入第二枝，略低于第一枝，在花泥右部斜下方反向插入第3枝针葵叶，长度等于第一枝的一半。

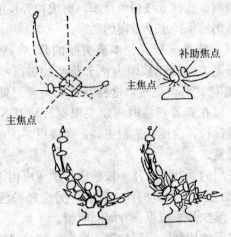

图 2-6 弯月形插花

（3）主花的插制　选开放度较低的切花月季沿着针葵叶的尖端向下 3～5cm 处开始插，第一枝月季最好具有与针葵叶弯曲度相应的角度，然后顺着针葵叶方向前后交替插 6～8 枝月季到花泥正上方的位置，并且使花朵开放度越来越大。相同方法沿着第三枝针葵叶从叶尖向花泥正上方插 4～6 枝月季。

（4）焦点花的插制　取 2 枝白百合一前一后插到花泥正上方，高度 10～25cm，为了保证百合的观赏效果，建议百合周围留有一定的空间，不要把月季插得过多，遮挡了焦点的位置。

（5）填充花的插制　将小菊剪短插到月季与百合等主花的空隙中，把花型插得更加丰满。小菊的高度低于主花 1cm。

**3. 检查**

（1）弯月形插花一般用于聚会或办公场所及宾馆餐厅装饰使用。使用的花器最好选择带有高脚的钵状花器或者高腰花瓶。观赏位置选择比视线高为宜。

（2）弯月造型花型柔美，但在插制时选择花材很关键，一般选择香石竹、非洲菊、月季，不能选择花梗挺直不易弯曲的花材，如唐菖蒲、蛇鞭菊等。

（3）该花型两边不对称，左边为右边长度的 2 倍，为了突出月牙的柔美，插花过程中要尽量保证花型尖端瘦窄，中间宽阔，弯曲度适宜。也可根据花型中的角度要求，首先将主花花梗使用细铁丝缠紧，弯曲到合适位置备用。

实践四　插制 L 形花型

**1. 材料用具**

（1）材料　粉色唐菖蒲 5 枝，红色香石竹 5 枝，粉色百合 1 枝，黄英 5 枝。

（2）用具　剪刀、浅盆一个，花泥半块。

**2. 操作步骤**

（1）将花泥先在水中泡透，切半块放入浅盆中，将花泥各个角削得平滑些，以便于插花时有更多空间。

（2）骨架花的插制　如图2-7所示，先选一枝花茎通直、含苞待放的唐菖蒲，按照浅盆直径的1.5～2倍修剪花茎，垂直插入花泥的中后部，再取一枝开花较好的唐菖蒲修剪成第一枝长度的1/2水平插在花泥右部，再取一枝修剪成第一枝长度的1/4水平插在花泥的左边。最后将一枝唐菖蒲剪成与第三枝等长，水平方向插于花泥的正前方。至此，骨架花全部插好。

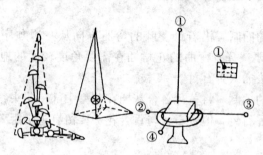

图2-7　L形插花

（3）焦点花的插制　将粉色百合修剪成比第四枝花稍长点，斜向45°插在花型中下部，花头朝向正前方。

（4）主体花插制　用第五枝唐菖蒲修剪得比第一枝稍短些，插在第一枝右部10°～15°的地方，使得L的竖直笔画不显得过于单薄。将红色香石竹插于花型的左右部位及前部，确保花型丰满艳丽。

（5）填充花插制　用黄英作为填充插在花型的空隙中，最后完成花型的插制。

**3. 检查**

（1）L型插花为不对称造型，插制时要掌握各花材的长度及插制角度。如果右边花材插的角度大了，花型容易变成不等边三角形；如果角度太小，花型过瘦显得花型单薄。

（2）线状花材在造型中更适宜，如果使用团块状花材来插，要防止轮廓变形。

实践五　插制S形花型

**1. 材料用具**

（1）材料　黄色香石竹1扎，黄色百合1枝，针葵叶3枝，满天星半扎。

（2）用具　剪刀、高脚花器或玻璃花瓶1个，花泥1块。

**2. 操作步骤**

（1）将花泥先在水中泡透，切开放入花器中，花泥露出花器口 2～3cm，以便于插花时有更多空间。

（2）衬叶的修剪与插制　如图 2-8 所示，选择 2 枝弯曲度较大的针葵叶，将边沿的小叶修剪成整齐的楔形，使花材显得纤细、轻巧。如果弯曲度过小，可使用 18 号铁丝在叶脉处缠绕并弯曲到适当角度。在花泥左边斜向上反向插入针葵叶，长度为花器高度的 1.5～2 倍，在花泥右部斜下方反向插入第 2 枝针葵叶，长度等于第一枝的一半。第二枝针葵叶要插出向前伸展的势头，这样才有动感。

（3）主体花的插制　沿着针葵叶的弯曲方向从左边顺序插入黄色香石竹 6～8 枝，插制时要选择有弯曲的花材插在需要角度较大的地方。在花泥的右方也按照相同方法插入香石竹 4～6 枝。

（4）焦点花的插制　将黄色百合花插在花型中部，花头斜向前方。在百合花头附近插 6 枝香石竹，但香石竹与百合花头要留有观赏距离，不可拥挤或遮挡焦点花。

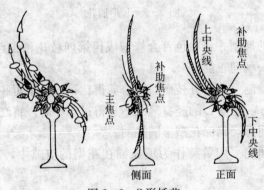

图 2-8　S 形插花

（5）填充花插制　将满天星充分打开，剪成与主花等长，插入花型的空隙，使花型丰满细腻。

**3. 检查**

（1）S 形插花花型轻柔、活泼，在花材选择上要注重弯曲度，如果花梗强直不适合作为主花使用。

（2）该花型比例适当，富于动感，左半部分的体量和长度均为右半部分的 2 倍，插制时要灵活掌握。

（3）如果使用花头较小的花材，插出的造型曲线更平滑，结构更均匀。此花型适合于客厅、办公场所、书房等处装饰。

**【关键问题】**

**1. 骨架花的选择**　骨架花选择得当对于造型的完成起到至关重要的作用，各造型对于骨架花都有具体要求。

**2. 主花色彩搭配**　色彩搭配要鲜艳明亮，温馨自然，富于装饰效果。

**【思考与讨论】**

1. 如何保持花型的轮廓清晰？
2. 西方传统插花花材的选择有什么特点？

**【知识拓展】**

插花的三大原则：境物和谐、色彩协调和构图完善。

①境物和谐：要求插花作品与环境条件相和谐。插花作品多是放在室内，因此室内光线、家具形状颜色、背景色调、空间大小、欣赏对象、插花用途等都要与插花本身的色彩、构图等相协调。一般来说，如果是哀悼性插花，则要求用花朴素清淡，并根据被纪念者的性格及生前喜好，选取适当的品种，务必做到肃穆端庄，忌插得枝繁花艳。相反，大喜节日插花，以轻松、热闹为主，可插得火红一些。平时作为摆设欣赏之用的插花可以插得新颖些，以富有艺术创新的作品为佳。

②色彩协调：要求插花所用的花材色彩协调。既要有鲜明的反差，又要有和谐的统一。插花的色彩搭配有各种方式，有的以一种为主色，其他的为辅色，起点缀和加强主色的作用；有的两种色无主次之分，还有的把几种融为一体，各种颜色好像繁星一样，但整体上形成新的色彩视觉。插花材料色彩间的配合应根据插花的形式而定。东方式插花色彩整体效果以"雅"为佳，西方式插花则以"繁"为佳。

③构图完善：构图很大程度上决定着插花的成败。尤其是东方式插花更需要注意枝条、叶片的布置。既要做到重心稳重，又要有虬枝突出，有节奏感。西方式插花构图讲究均衡，重心稳重，以四面皆可观赏为佳。

# 任务三　制作东方式传统插花

**【观察】**

观察1. 由图2-9所示，东方式插花使用的花材是哪些种类？

观察2. 图2-9中，直立型插花的花型特点是什么？

图 2-9　东方传统插花直立型

## 【知识点】

**1. 东方式传统插花的分类**　东方式传统插花的花型都是由三枝主枝构成，通过三主枝上下位置、角度的变换可形成不同形态，由于第一主枝是确定插花花型的核心，其长度等于花器的（直径＋高度）×1.5～2倍。因此，根据第一主枝的走势，将东方式传统插花的基本花型分为以下 4 种：

（1）直立型　直立型插花挺拔、端庄，可平视欣赏，常常摆放在台面上，用于居室装饰。这种造型将主要花枝直立向上插入花器中，整个作品充满向上的挺拔姿态，层次分明，高低错落有致。

将第一主枝沿着与中垂线成 10°～15°插于花器的左后方，长度为花器直径与高度之和的 1.5～2 倍。第二主枝插在第一主枝斜后方，大约 45°角范围，占据后部空间，长度为第一主枝的 2/3～3/4。第三主枝插在第一主枝左前方 60°～80°，长度为第二主枝的 2/3～3/4。三大主枝插好后，其他陪衬花材围绕主枝来修饰，主枝的陪衬花在长度上不能超过主枝的长度，花材之间不能相互遮挡。

（2）倾斜型　倾斜型插花的第一主枝富于动感，倾斜插于花器的一侧，最好选用自然弯曲、倾斜生长的线状花材。长度按照花器直径加高度的 1.5～2 倍，斜向插于花器的左后方 45°，第二主枝沿 10°～15° 的角度直立向上插制，长度为第一主枝的 2/3～3/4，倾斜插花的第一、第二主枝的位置刚好与直立型插花的第二、第一主枝相反；第三主枝则插于花型的右前方，与第一主枝相互呼应。三大主枝的插入位置不要太分散。随后，将陪衬枝条按照所修饰的主枝插于其前后，但要保证整个花型的灵动活泼。

（3）水平型 水平型插花像书法中的草书，豪放、洒脱，由于该造型向水平方向伸展，为了控制枝条有一定的观赏高度，不触碰桌面，一般选择高脚花器。第一主枝沿水平方向插于花器的左边，长度为花器的直径加高度的 1.5～2 倍。第二主枝则直立向上伸展，长度为第一主枝的 1/2，第三主枝在第一主枝的相对一边 60°～80°位置，最后在作品基部插入填充花材，使整个造型更丰满。

（4）下垂型 下垂型插花像临水式盆景，具有生命力和动态美。插制该花型适宜选择枝条细柔、易于弯曲的花材，如连翘、常春藤等。下垂型插花花器一定要选择高花器来插，摆放在较高的几案上，花材的长度一般根据花器的情况而定。

第一主枝可以使用自然弯曲的枝条，也可根据造型需要用铁丝将枝条做弯，插在花器的一侧。第二主枝插于花器正上方，长度为第一主枝的 1/2，第三主枝插于第一主枝相反方向，长度为第二主枝的 1/3。最后将陪衬花材插于花型空隙中。

（5）写景式插花 借用花材，真实地表现大自然景观美的一种插花表现形式，即所谓写景式插花，也叫盆景式插花。这种花型盛行于清代，主要特点是以盘花式样，通过盆景表现手法，将山、石、湖水及原野的自然美景、层次，以及自然界的万物景观如荷塘情趣等尽收于眼底。着力表现花草树木、作物自然生长的姿态、神韵，讲究它们的形、色之美。

**2. 东方式传统插花的特点及风格** 东方式传统插花以中国与日本的传统插花为代表，由于融入了中国古代以自然、平和为美的哲学思想及伦理道德观念。而中国古代的哲学思想为儒、佛、道三家思想综合形成，儒家的"重人伦、轻功利"，道家的"依乎于天地，顺其自然"追求虚静、向往原始、自然的生活，佛家的"清静无为、息心去欲"，三者融汇，长久地影响着中国的文化艺术发展。日本插花起源于中国，受中国文化影响深远。因此，东方传统插花具有以下特点：

（1）重视意境和思想内涵的表达，体现东方插花"意在笔先，画尽意在"的构思特点，作品不仅具有装饰的效果，而且达到"形神兼备"的艺术境界。

（2）以线条造型为主，追求线条美。充分利用植物材料的自然姿态，因材取势，抒发情感，表达意境。

（3）在构图上崇尚自然，采用不对称式构图法则，讲究画意，布局上要求主次分明，虚实相通，俯仰相应，顾盼相互。

（4）注重花材的人格化意义，赋予作品以深刻的思想内涵，用自然的材料来表达作者的精神境界，非常重视花的文化因素。

（5）色彩以清淡、素雅、单纯为主，提倡轻描淡写。但也有应用浓重艳丽的色彩烘托环境气氛，但用色一般2~3种，不过分花哨。

（6）表现手法上多以3个主枝作为骨架，高、低、俯，仰构成各种形式。

## 【任务实践】

### 实践一　插制直立型插花

**1. 材料用具**

（1）材料　黄色香石竹1扎，黄色百合1枝，针葵叶3枝，满天星半扎。

（2）用具　剪刀、高脚花器或玻璃花瓶1个，花泥1块。

**2. 操作步骤**

（1）将剑山放入笔洗中，在笔洗中加水，使水没过剑山上的针，确保插到剑山上的花材都能吸上水，以利于保持花材的观赏效果。

（2）三主枝的插制　选金边虎尾兰最长、最粗壮的一枝，仔细观赏其伸展角度，找出最具美感的正面，按照笔洗直径加高度的1.5~2倍剪截，正面向前垂直插到剑山中央，再取一枝按照第一枝长度的2/3插在第一主枝后方45°的位置，取马蹄莲一枝，按照第二主枝的2/3剪取，插在花型的前方。

（3）陪衬花的插法　在第一、第二主枝前后插两枝金边虎尾兰，陪衬花材的长度要低于修饰的主花材，插在前面的陪衬花要低于后面的。在第一枝马蹄莲的前后也插2枝进行修饰。在花型的中部将含苞的马蹄莲2枝插在第二主枝前方。

（4）将2枝小菊插在花型的空隙中，第三枝小菊插在正前方遮挡住剑山。

**3. 注意事项**

（1）第一主枝直立插，象征花木正常生长时顶天立地的气势，利用金边虎尾兰做主花材，要选择粗壮、生长充实、形态美观的枝条。

（2）陪衬花材要修饰主花，不可比主花的体量大，也不能超过主花材的长度。

（3）各主枝及陪衬花伸展朝向应该富于变化，不可千篇一律，要插出动感和生机。

（4）花型要参差有致、疏密有致、仰俯呼应、上疏下密。花器口要紧凑，不可有叶片垂挂到水面，更不能出现花材斜卧在水中的情况。

### 实践二　插制倾斜型插花

**1. 材料用具**

（1）材料　桂花3枝，非洲菊5枝，沿阶草一束。

（2）用具　剪刀、浅盘1个，剑山1块。

**2. 操作步骤**

（1）将桂花枝条清洗干净，将其上枯干的小枝剪除。修去重叠、交叉、平行的多余小枝。浅盆中加水，将剑山放入浅盆中，保持水面淹没剑山的针。

（2）选一枝水平分枝较为舒展的桂花枝条，根据造型需要将其上的小枝仔细比较，选择最好的留下来，其余的剪去，使整个枝条具有较好的观赏效果，正面明显，斜向插线条飘逸自然。将桂花枝条基部剪成十字，垂直插入剑山的针上，再将枝条向左后方斜拉成45°。

（3）将第二枝桂花按照直立位置进行整理，按照第一枝长度的2/3剪短，垂直向上插到剑山上。第三枝桂花按照第二主枝的2/3修剪，向右前方60°倾斜插出。

（4）将非洲菊5枝按照高低错落有致地原则，插在第二主枝和第三主枝之间，形成整个花型的中心。

（5）将沿阶草用手捋揉做弯，在花型的下部，贴近第二枝桂花附近斜向插到剑山上，由于沿阶草比较细弱，可以先将草绑在一段小枝上，再将小枝插到剑山上。使得沿阶草飘逸的叶子疏密有致的分散在花型的右方。

**3. 注意事项**

（1）剑山插花必须使花材较为集中，方显木本枝条宛如从花器中自然长出一般。

（2）倾斜型插花表现水边树木的葱茏和生机或者大风中树木的姿态，所有的枝叶、花朵都朝向一个方向或者直立向上生长的姿态。

（3）该花型根据主枝的伸展方向来决定走势，所有的花材都处于动态平衡中，飘逸灵动、活泼自然。

**4. 检查**

（1）花型是否符合要求。

（2）花材固定是否稳固。

### 实践三　插制水平型插花

**1. 材料用具**

（1）材料　白皮松2枝，鹤望兰2枝，菊花5枝，紫色小菊5枝。

（2）用具　剪刀、花瓶1个。

**2. 操作步骤**

（1）在花瓶中注入清水，水面高度在瓶身最大直径处，以保证花材吸水顺畅，观赏时间长。

（2）选一枝向前方水平伸展的白皮松枝条，根据造型需要适当修剪，长度按照花瓶高度的2倍留取，在枝条基部绑短枝，以便插入花瓶后能固定位置。

再将另一枝白皮松剪短，长度约为第一主枝的 1/2，直立向上插到花瓶中。

（3）在第二主枝前方高低错落插 2 枝鹤望兰，2 枝鹤望兰花序的朝向一致，再将 5 枝菊花在花瓶口向上 1/4～1/5 附近插出整个造型的焦点来，以调整花型的重心。

（4）把 5 枝紫色小菊插入花型空隙内，在主花材基部起到陪衬效果，同时也发挥填充作用。

**3．检查**

（1）水平型插花根据第一主枝来确定，由于白皮松向前方伸展的枝条富于动感，更增加作品的稳定性。

（2）鹤望兰在插花中应用不能单独插一枝，必须两枝一起使用互相补充，并且两枝的花序朝向要一致才能显示出如天堂鸟一般比翼齐飞的神韵。

### 实践四　插制下垂型插花

**1．材料用具**

（1）材料　连翘 3 枝，非洲菊 7 枝，黄英 10 枝。

（2）用具　剪刀、花瓶或高脚花器 1 个，花泥半块。

**2．操作步骤**

（1）将花泥泡水后切成合适的大小，放入花器中。

（2）选择具有下垂势头的连翘枝条，剪成花器高度的 1.5 倍长，斜向插入花泥中，使得连翘枝条斜向伸展，然后下垂，但不能使枝条垂到桌面。将第二枝连翘剪成第一枝的 1/2 长，插在第一枝连翘的相同方向，但是下垂的位置仅达到第一枝的一半，并且水平前伸。

（3）第三枝连翘直立向上插，长度为第二枝的 2/3。3 枝连翘都分布在花型的左边。

（4）将 7 枝非洲菊在花型的右前方插出焦点来，长度相当于花型高度的一半，并且保持非洲菊分布均匀。

（5）将黄英插入花型，填充空隙，修饰主题。

**3．检查**

（1）下垂型在插制时对主花材的要求非常高，必须要有临水的势头才可插制该花型，不然插出的造型不伦不类。

（2）主花材的枝条要求柔软但不软塌，动感同时又具有生机，只有连翘、山茱萸、绣线菊等枝条才能应用。如果下垂度不能满足，可以采用做弯的方法处理。

### 实践五　插制写景式插花

**1．材料用具**

（1）材料　香蒲半扎，慈姑叶或马蹄莲叶 6 片，鸢尾 5 朵。

（2）用具 剪刀、大型浅身盆景盆 1 个，大剑山 1 个，小剑山 1 个。

**2. 操作步骤**

（1）在盆景盆中左边放入 1 个大剑山，右边放入 1 个小剑山，两个剑山一前一后，小的在前。在盆中倒入清水没过剑山的针。

（2）用一大一小两束香蒲叶分别插在大小两个剑山上，大剑山上插的香蒲为小剑山的 2 倍，小剑山上插的高度为大剑山上的 2/3。

（3）把慈姑或马蹄莲叶在大剑山上插 3 片，高低错落，小剑山上插 3 片稍小的叶；鸢尾取 3 朵剪成香蒲长度的 4/5 插在大剑山上，2 朵剪成长度为小剑山上香蒲高度的 4/5 插到小剑山中。

**3. 检查**

（1）花材搭配是否合理？

（2）该花型插制时切忌左右等大、等高。体量也要前小后大或近大远小，这样才能形成景深，插出层次来。

## 【关键问题】

**木本花材的选择** 在东方式传统插花中木本枝条决定花型的风格特点，枝条的伸展角度决定花型的类型，如果一枝选对，整个花型即可如影随形自然天成。

## 【思考与讨论】

1. 东方式传统插花对于木本花材有何要求？

2. 写景式插花注重表现何种内涵？

3. 根据教学内容，你认为东方式传统插花中经常使用的花型是哪些？

## 【知识拓展】

**1. 中国传统插花的六大花器** 中国传统插花使用的花器有瓶、盘、碗、篮、缸、筒等六大类。

（1）瓶 花瓶的造型，有传统形式和现代形式。中国古典风格的花瓶有古铜瓶、宋瓶、悬胆瓶、广口瓶、直统瓶、高肩瓶等。现代的花瓶形式讲究抽象形体、形式简练、线条流畅，有变形花瓶、象形花瓶、几何形花瓶等。

花瓶插花比较注重固定，如果不能固定花材就不能完成花型的创作。剑山或花泥都不适合用于花瓶插花，中国古代采用的做"撒"，将花瓶口部用细枝加以分隔，将花材插于区隔的小空间中，使整个花型更加稳定自然。现代插花还利用在瓶内加入枝条、填充物、草本植物的茎秆等方法将花材固定下来。

（2）盘  盘是插花中较常使用的一类花器，由于盘口大、身浅，能够很直观地观赏到花枝基部及花器中的水面，对初学者练习技艺更为便捷。对于表达简洁造型及夏季清凉的风景尤为便利。用盘插花采取剑山固定和铁丝网固定比较自然。

（3）碗  碗作为人们日常必需的饮食器皿在插花中多用。制碗的材料有陶瓷、木材、玉石、玻璃、琉璃、金属等，制作精美的古董碗常常是收藏家的最爱。用碗插花也采用剑山固定。

（4）篮  花篮插花自古至今都受到观赏者的好评。由于花篮采用生活中经常使用的篮子作为花器，如元宝篮、花边篮、提篮等，不仅携带方便，还可以根据使用目的灵活掌握插花造型。

（5）缸  缸是大口而无颈的陶器。自古缸多作为养鱼的容器或者放置字画的盛器使用，插花中使用的缸缸底没有排水孔，缸身装饰也不是十分华丽。由于缸的开口较大，体量也大，插花时多用于大型插花使用。

（6）筒  笔筒和箭筒都可在插花中使用，形状有方形、圆形及其他变形，材质有陶瓷、木、竹、金属、塑料等。筒状容器固定花材的方法一般也采取做"撒"的方法。

**2. 日本的花道**  花道是日本传统的文化遗产，随着佛教传入日本。花道也称"插花""华道""生花"，即把插花技法规范化、具体化，便于学习和传承。花道是日本的一种室内装饰艺术，三主枝各自代表天、地、人，最高的一枝象征天，最低的一枝象征地，中间的一枝象征人，表示圆满如意。按照时代的需要，产生了各种各样的形式，今天仍然保持生命力的有立花、生花、投入、盛花。在日本，插花作为一门职业，以师徒的形式传承。即把插花技艺商品化，师傅靠徒弟的学费生活。各个流派都将本门的技艺固定下来。到20世纪，随着花卉种类的丰富，插花的技法也随着改变，此时出现许多新的流派。日本号称"三千流派"，绝大部分都是小流派，最大的是池坊华道会，再就是小原流、草月流、宏道流等。二次世界大战后随着东西方文化的交流，日本的插花也受到了西方文化的影响，同时也将东方插花传到了世界各地。

# 任务四  制作礼仪插花

## 【观察】

观察 1. 图 2-10 所示，礼仪插花的花型特点是什么？

观察 2. 图 2-10 所示，礼仪插花的花色搭配有何要求？

观察 3. 根据图 2-10 了解如何插制花篮？

图 2-10 花篮插花

## 【知识点】

### 1. 礼仪插花的类型

（1）花篮 包括庆典花篮和礼仪花篮。根据体量不同又分为大花篮、中花篮、小花篮。大花篮常用在开业庆典、店庆、大型活动中；中花篮可以在开业时使用；小花篮多为生日花篮，也可在探视病人、走亲访友时应用。

（2）花束 小花束使用随意。单面观花束可以作新娘花束，也可在其他场合使用。四面观花束较为豪华，多为婚礼或送朋友用。

（3）胸花 庆典场合或婚礼上使用。

（4）桌面花 办公场所、酒店、会议、家庭都可使用。

（5）花车 婚礼花车是目前非常流行的应用形式。

（6）花环、花圈 圣诞花环，丧葬用花圈。

### 2. 各种节日及用花习惯
我国人民自古对花卉有着深厚的感情，人们借花咏物，以花抒怀，出现了大量的诗词歌赋、绘画及珍贵的花卉盆景等文化产品，从而使得中国的花文化传统源远流长。

与用花有关的节日有情人节、三八妇女节、复活节、清明节、五一节、母亲节、儿童节、父亲节、七夕、中秋节、教师节、重阳节、圣诞节、春节等。

（1）情人节 在西方每年的 2 月 14 日被定为情人节，又称瓦伦丁节，首选花卉是玫瑰，并以红玫瑰居多，表示纯洁的爱情，在有的国家情人节也可以赠送郁金香或其他花卉，还可以根据对方的喜好确定送花的种类，再附上一些赞美、祝贺的诗词或配赠其他礼物更具浪漫色彩。

（2）三八妇女节 每年的 3 月 8 号为全世界劳动妇女的节日，在三八妇女节可以使用的花材有月季、香石竹等。

（3）复活节 每年 3 月 21 日或该日后月圆的第一个星期日，是为了纪念耶稣死后 3 天而复活的节日。复活节用花一般选择鲜花，首选白色的百合花。

（4）清明节　清明是二十四节气之一，为中国传统节日，清明节正值阳春三月，在民间有扫墓祭祖的习俗。清明节用花一般按照丧事用花的习惯选择黄色、白色的菊花，再配上紫色或其他颜色的鲜花一同使用。

（5）五一国际劳动节　每年 5 月 1 日是国际劳动节，可以使用的鲜花种类繁多，但以应季花卉为主。

（6）母亲节　每年 5 月的第二个星期日为母亲节，在这一天儿女送给母亲一束粉红或红色的康乃馨，并附上一张写有感恩词语的贺卡，以表达子女对父母的谢意。康乃馨是母亲节之花，一般不限制花枝数。

（7）儿童节　每年 6 月 1 日为国际儿童节，玩具配上鲜花可以表达父母对子女的热爱和关心。儿童节用花主要为浅粉或淡黄色的香石竹。

（8）父亲节　每年 6 月的第三个星期日为父亲节，可以选择黄色的玫瑰、康乃馨，也可以选择父亲喜欢的花。

（9）七夕　农历七月初七为中国的情人节，是牛郎、织女相会的日子，最常使用的是玫瑰花束。

（10）教师节　每年的 9 月 10 日为我国的教师节，教师节可以使用康乃馨、向日葵等表达学习者对老师辛勤培养和无私奉献的诚挚谢意。

（11）中秋节　每年农历八月十五为我国的中秋节，此时丹桂飘香，秋风送爽，合家团圆，采摘桂花观赏搭配各种鲜花插做的花篮可以丰富节日气氛。

（12）重阳节　农历九月初九是我国人民敬老爱老的节日，又叫老人节，重阳节正逢菊花怒放，可以用菊花、兰花等配合其他花卉使用。

（13）圣诞节　每年的 12 月 25 日是西方的圣诞节，用一品红、松柏及其他绿色枝条搭配蜡烛或其他花卉可以装点客厅或餐桌。

（14）春节　新春佳节是我国的传统盛大节日，一些带有好彩头的花卉被大量应用，如桃花、金橘、梅花、水仙等。鲜花一般使用各种应时花卉。

## 【任务实践】

### 实践一　插制花篮

**1. 材料用具**

（1）材料　针葵 5 枝，唐菖蒲 5 枝，月季 8 枝，非洲菊 4 枝，香石竹 4 枝，百合 1 枝，满天星 1/4 扎。

（2）用具　剪刀、花篮 1 个，塑料包装纸 1 张，花泥 1 块。

**2. 操作步骤**

（1）将花泥泡透，在花篮中先铺一张透明塑料纸，根据篮窝的大小将花泥切成适当大小放入花篮中。

（2）如图 2-10 所示，把针葵叶剪成楔形，根据花篮的直径将第一枝针葵叶剪成花篮直径的 1.5～2 倍长，其他 4 枝两两对称，逐渐缩短。最终 5 枝针葵叶形成一个扇形。

（3）把唐菖蒲插在针葵叶前，每枝针葵叶对应一枝唐菖蒲，这样唐菖蒲也形成一个扇面形状。

（4）将月季插在每两枝唐菖蒲之间，长度为针葵叶的 4/5，插制时一定要将月季的花头向外插些，形成新的层次。如果插的靠里，会与唐菖蒲在一个层次上，花型的景深就不能完全显示。另取 2 枝月季插在花型的两边，在花篮正前方插两枝月季，长度为 15cm 左右。这样 8 枝月季形成一个独立的层次。

（5）低于月季 1～1.5 个花头插 4 枝非洲菊。

（6）焦点花的插制。将百合剪成适当长度，插在花型中下部重心位置。

（7）在百合周围将香石竹 4 枝均匀插出，保持花型表面各花朵的高度都在一个弧面上。

（8）最后将满天星花序小心打开，剪成比主花略低的高度，插入花型的空隙中。

**3. 检查**

（1）每枝花材是否插制稳固？

（2）花材的伸展角度是否合适？花头是否分布均匀？

### 实践二　插制胸花

**1. 材料用具**

（1）材料　石斛兰 1 枝，高山羊齿 1 枝，满天星 1 枝。

（2）用具　剪刀，胸花针 1 个，绿胶布，铁丝。

**2. 操作步骤**

（1）选取石斛兰上 3 朵开花较美观的小花，连花梗摘下，在高山羊齿上取 5 片小叶丛，满天星上取 3 丛小花序。

（2）把石斛兰每朵小花都用细铁丝穿过花朵基部再弯折交叉缠绕，将大朵花放在下部，小的放在上部。摆成不等边三角形的形状，用细铁丝固定起来。

（3）把高山羊齿和满天星均匀摆在石斛兰周围，满天星的长度不超过石斛兰。用细铁丝固定，外面缠绿胶布。

（4）将胸花针固定到胸花后部，高度应在花茎中部，以防带胸花时因固定不牢出现花头向下的情况。

**3. 检查**

（1）胸花针是否固定牢固。

（2）花材是否固定，分布是否均匀。

### 实践三　插制单面观手绑花束

**1. 材料用具**

（1）材料　各种花材（美丽针葵、唐菖蒲、月季、香石竹、非洲菊、菊花、满天星、情人草等）。

（2）用具　剪刀、包装纸、花带、绑绳。

**2. 操作步骤**

（1）整理花材，根据时令将准备插花的各种花材预先修剪整齐放在水桶中让其吸水充分，然后将每种花材解开包装，自然放置到桌子上，以备插花使用。

（2）用剪刀将两片美丽针葵的叶子两边修剪自然整齐，以适应其他花材的体量。也可以根据花束的大小适当剪短叶子的长度。

（3）将两片美丽针葵叶交叉后用左手握住，让两者长度一致，正面朝上。

（4）右手根据花型设计要求和花色搭配原则将主要花材一支支加到左手中握住，在加花的过程中要分层次、分花色添加，每次只加一支且要与上一支的角度尽量加大，交点位置在左手手握处不能变化。添加时还要考虑花材的伸展角度和朝向。

（5）主花添加的同时将满天星或情人草等填充花加入花型中，用以陪衬主花。

（6）用绑绳将花束在手握处绑扎，由松至紧慢慢捆绑，由于花束绑扎需要认真细致，建议多试几次。

（7）沿绑扎处向下5～8cm将多余的枝条剪掉，注意修剪整齐，将包装纸摊开把花束放在纸上，花束下端距包装纸最底部10～15cm，以方便包装纸折叠后绑扎。将包装纸两边向内折在手握处整理整齐，然后用绑绳再次捆绑结实。

（8）将花结固定在花束手握处，将飘带用剪刀拉出卷曲的外形，增加观赏效果。

**3. 检查**

（1）固定是否符合要求。

（2）主花层级是否分明。

## 【关键问题】

**1. 花材的固定**　在礼仪插花中固定花材是非常重要的问题，因为产品不在花店中使用，顾客要携带，甚至长途搬运，如果固定不牢、花材掉落，就会影响使用效果。

**2. 花型的层次**　层次显现造型的整体效果，如果花材拥挤或者遮掩，都严重影响整体观赏效果。一般礼仪插花中要求每层花比上一层要低 1～1.5 个花头，确保花材层次分明。

## 【思考与讨论】

1. 礼仪插花都有哪些类型？
2. 四面观花束插制方法与单面观有何不同？
3. 花篮插制中如何确定焦点位置？

## 【知识拓展】

### 1. 瀑布型新娘捧花的插制

（1）材料用具 剪刀、绿铁丝、包装纸、花带、绑绳、各种花材（常春藤、月季、石斛兰、香石竹、非洲菊、满天星等）。

（2）操作步骤 先做圆球形花部分：将月季、香石竹、非洲菊、满天星 4 种花按照螺旋插法间隔插出，左手拿花，加花时按照左旋的规律倾斜放置于左手中，交点为手握处，一边加花，一边转动左手中握的花束，直到把所有的花加满，随时调整花之间的距离，花头都在圆球形的弧面上，用绑绳沿着手握处固定圆形花束。

下垂部分的添加：将圆形花束握在左手中，将最长的一枝常春藤加在花束的下部垂挂下来，垂挂的长度相当于圆球的 2 倍，再将石斛兰一枝加在常春藤上边，下垂的位置较常春藤短 1/5，再加 2 枝常春藤在第一枝常春藤左右位置，同样加石斛兰在这 2 枝常春藤上部，再加 3 枝常春藤和石斛兰，由此形成不同的层次，并且在圆球形花束下部做成长三角形的下垂花束，使两者融为一体。用绑绳绑扎。

用丝带将花束的基部绑扎起来，扎出彩带结，或者加上其他装饰。

### 2. 花车的插制

（1）车头花的插制 可以单纯用红色月季花插出心形、双心形图案，或者用月季、百合、香石竹插花 V 形图案，也可用较舒展的造型。

以双心形月季造型为例：先将泡好的花泥用塑料包装纸包裹，用绑绳牢固绑住花泥的中央，用宽胶带纸将塑料包装纸四角固定到车头的顶盖上。沿着花泥的四周先用八角金盘或天门冬打底做出双心的轮廓，然后用红色月季插出套叠的双心图案。最后用满天星在月季间填充，使图案显得更为醒目。每颗心的高度和宽度大约 26cm，用花量 80～100 枝。花型四周的花朵要使花头外倾 45°左右，保持花型的立体感。八角金盘或天门冬要遮挡住包装纸和花泥。

（2）车框花的插制 按照汽车的轮廓，在边框处做的插花为车框花，一般是每隔一定距离固定一束小花，小花多用 1 枝月季或香石竹加上少许配叶，间隔距离为 10～15cm。沿着车的两边固定时左右应该对称，所有花头的朝向都向前。

（3）车门花的插制　在车门上固定的花饰。一般使用车头花饰的一种主要花材，加上少许衬叶，插出一个小花束，长度大约 15cm，用彩带绑扎拴在车门把手上即可。

（4）注意事项　花车用花主花要一致，不可乱用，头部的主花作为车框花及车门花的主花。一般在花车头部使用的主花常为月季、百合、香石竹、鹤望兰、红掌等。也有多种混合使用的。

要考虑花车花饰的稳固性，因为车在行驶过程中风比较大，如果固定不牢很容易造成花饰上的花掉落或花饰掉落的情况。因此，固定材料一定要粘贴牢固，必要时增加粘贴物，花泥插花时要插得比较深。

# 3

# 模块三 压花作品创作与设计

## 任务一 制作压花花材

【观察】

图 3-1 压花作品示例

观察 1. 图 3-1 中的压花作品共包含有几种花材，能分别指出它们的种类么？

观察 2. 图 3-1 压花作品中的花材分别是植物的哪些器官？

【知识点】

**1. 压花艺术的定义**

（1）压花 压花就是利用物理和化学的方法，将植物材料经脱水、保色、压制和干燥等科学处理而成平面花材的过程。中文有两种写法："压花"和"押花"，后者主要是受日语的影响。用来压花的植物材料叫压花花材。

（2）压花艺术 压花艺术是以压制好的花材作为创作的基本材料，依其形态、色彩和质感，设计创作成具有观赏性和实用性的植物制品的一门艺术。

**2. 花材压制原理** 花材经过压制最终达到压平、脱水干燥、保色的目的，不论采用何种工具、何种方法，其基本原理是一致的：就是将花材内部的水分快速脱水干燥，使植物细胞迅速失去活性，终止生命活力，从而达到脱去水分、保持颜色和平整外形的目的。目前世界各地有多种多样的压花工具和方法，从最古老的重石压花、烘箱压花、压花器压花，直至先进的微波压花器压花，基本原理不变，都是在不断改进工具，使花材的压制更快捷、方便，同时更能保证压制后花材的高质量。

## 【任务实践】

### 实践一　采集花材

**1. 使用工具**　枝剪、剪刀等。

**2. 操作步骤**

（1）选择自己所需花材的种类和部位。

（2）采集花材。

（3）分类存放　最好是采后立即压制，越新鲜的花材压制效果越好。但由于条件的原因不能立即压制，应放在保鲜柜分类进行保存。

**3. 检查**

（1）花材是否新鲜。

（2）花材是否有病虫害。

（3）花材是否符合自己的构图需要。

### 实践二　用微波压花器压制月季花瓣

**1. 使用工具**　微波压花器（图3-2）、微波炉、剪刀、镊子、解剖刀（图3-3）等。

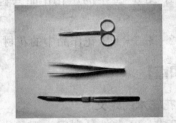

图3-2　微波压花器　　　图3-3　剪刀、镊子、解剖刀

**2. 操作步骤**

（1）用剪刀和解剖刀预处理花材。

（2）把预处理过的花材用镊子均匀摆放在微波压花器衬布上。

（3）分层盖好压花器。

（4）将微波炉调至中火，时间设定在 50s。

（5）将压花器放入微波炉进行烘烤。

（6）烘烤完毕，取出压花器，将花材均匀分摊在报纸上自然晾干 2～3 天。

**3. 检查**

（1）微波烘烤之后，花瓣是否已经基本干燥？若没有基本干燥，可以再用微波烘烤 10～30s，直到基本干燥为止。

（2）微波烘烤之后，花瓣是否平展而没有起皱褶？

### 实践三　保存花材

**1. 使用工具**　干燥储藏箱、自封袋、吸水纸等。

**2. 操作步骤**

（1）将花材进行分类整理，编制花材目录。

（2）将同类花材放在吸水纸上，在吸水纸的外面注明花材名称及压制时间和采集地点，密封于自封袋内。

（3）将包装好的花材保存于干燥储藏箱（图 3-4）内，干燥储藏箱内有硅胶等干燥剂。

图 3-4　简易干燥储藏箱

**3. 检查**

（1）花材与名称、压制时间、采集地点是否相符。

（2）干燥储藏箱内硅胶颜色是否还是蓝色。若变成粉红色，需要烘干硅胶。

### 【关键问题】

**1. 准确把握花材采集的时期**

（1）采集花材的适宜时间　一天之中采集花材的时间应在上午 9：00～12：00。过早，植物素材上带有露水或含水分较多，会影响花材的处理效果和增加脱水、干燥压制的工作量；下午采集，往往当天来不及处理和压制，导致素材失水卷曲而影响花材质量。原则上，应当做到当天采集的素材当天处理完毕。来不及处理和压制的素材，最好不要从采集容器中取出来，必要时还要撒少许水在素材上，或采取保湿、低温的条件，以防素材失水卷曲萎蔫。

（2）不适宜采集花材的条件

①炎热夏天的中午　此时植物正处于蒸腾作用最旺盛的时刻，采后素材极易萎蔫变形，难以压制。

②雨中、雨后或过于潮湿的天气　素材含水量过高而使压制的工作量成倍增加，甚至使花材因处理不当而发生霉变和褐变。

**2. 掌握花材采集的原则**

（1）在野外采集花材时，绝对不要破坏整株植物，不能连根拔起，做到既能积极保护，又能科学利用野生植物资源。

（2）不要集中在一块地方采集花材，分散多处，每处少量采集。

（3）从一棵植物上取材时，量要少，并且有意识地在上、下、左、右平均采集。

（4）采集时最好带上乳胶手套，以免刺伤或中毒。

（5）最好与植物的修剪整形结合起来，变"废"为宝。

## 【思考与讨论】

1. 常见的压花工具有哪些？

2. 常见的压制花材的方法有哪些？

3. 怎样才能使花材保存更长的时间？

## 【知识拓展】

**1. 压花协会**　英国压花协会是最早成立的压花协会，创办于 1983 年，是最有历史的压花协会，因为活动限制在英国，所以绝大多数会员都是英国人。

世界压花艺术协会创办于 1999 年 12 月，总部设在日本，绝大多数活动也是在日本，所以会员大多数为日本人。

国际压花协会创办于 2001 年 7 月，设在国际网络上，由于会员可以在任何时间、任何地点参加活动，所以会员来自世界各地，不过因为使用英文作为交流语言，来自亚洲的会员相对来说比较少。

韩国压花协会是在日本和中国台湾的帮助下建立起来的。国际园艺学会 2006 年在首尔的展览会上，就有韩国压花协会的一些压花产品。

**2. 压花比赛**　目前世界上有很多压花艺术比赛。每年 3 月在美国费城举办的大型花卉展中设有压花艺术作品比赛。费城花展的压花比赛集合了最多国家的参赛者，也是目前最具国际代表性的压花比赛，堪称压花界的"奥斯卡"。

每年都会根据当届费城花展的主题来确定 5 个压花艺术作品比赛项目。

费城花展源于 1829 年，由宾夕法尼亚州园艺协会主办，每年 3 月初举行一次，有园林设计、花卉、盆景、插花、压花等类别的展览和作品比赛，是美国历史最悠久的国家级花事盛会。

国际压花协会每年 6 月举行一次压花研讨会，同时也有压花艺术作品比赛，参与的国家也越来越多。英国压花协会和世界压花艺术协会等也会定期或者不定期举行各种各样的压花艺术作品比赛。

**3. 压花艺术的历史与发展**　压花来源于"植物标本"。最早的植物标本是从埃及公元前 305 年的坟墓中出土的，距今大概 2 300 年左右，现在存放在英国皇家植物园。1500 年代意大利人开始有系统地整理，呈现艺术的风格，并且编辑成书。意大利的 Luca Ghini（1500—1566 年）是公认最早创作系统的植物标本并将其编辑成书的人。可惜他编写的植物标本书籍目前只有散页，存放在意大利 Florence 的博物馆里。世界上保存最完整的最古老的植物标本书籍叫 Petrus Cadé Herbarium（1566），目前存放在荷兰国家植物博物馆里。

至于植物标本何时发展成为压花艺术，已经不可考证。植物标本可以查证到公元前 305 年的埃及。

19 世纪后半叶，到英国维多利亚女皇时代，压花艺术到达一个新的高潮。压花非常盛行，与插花艺术一样，压花成为宫廷贵妇人自娱自乐的上流社会活动。女皇自己就是压花艺术家。在王子洗礼的时候，女皇把压花贴在所有的请帖上。当女皇痛失皇夫的时候，女皇亲自压了所有棺上的花。压花艺术成为宫廷贵妇人的嗜好，而且非常普及。她们互相介绍奇异花草，切磋压花技艺，展示自己的作品，在豪华的宫廷，压花画用精美的镜框包装起来，成为必有的室内装饰画。

美国费城出生的摩洛哥皇后 Grace Kelly 在她家乡学会了压花艺术。据说皇后爱花成癖，尤其喜欢压花画，她还亲自组建花园俱乐部，进行各种形式的花艺活动。至今，还遗留着她的许多美丽的压花作品。她也担任过费城压花比赛的评委。

第二次世界大战之后，日本人开始研究压花，并且将其发展成与插花一样有地位的国家级艺术。

20 世纪 80 年代，一批中国台湾的艺术家在日本学习压花艺术后，回中国台湾发展，并推广压花教学，1987 年成立台北市压花艺术推广协会后，更是蓬勃发展。并且从 20 世纪 90 年代开始在广东、云南发展压花农场。

1997 年，华南农业大学在全国率先开设公共选修课程——压花艺术，受到各年级各专业大学生的欢迎，每学期都开设此课程，仍然不能满足学习者的需求。中国农业大学、天津农学院、河南科技学院等学校开设的"花卉艺术"选修课，也将压花艺术作为其中的一部分内容。

目前世界上有很多各种压花艺术比赛，每年3月在美国费城举办的大型花卉展中的压花比赛是集合最多国家的参赛者，也是最具国际代表性的。2000年5月我国深圳举办了首届国际插花花艺博览会，在此次博览会上我国把压花列为单独项目参赛。但是直到今天，第六届中国花卉博览会还是把干花和压花作为一种类型来比赛，可能是国内从事压花的人不多的缘故。

2005年6月9～12日在美国田纳西州举行的国际压花协会第一次研讨会暨压花比赛上，陈国菊副教授的作品获得了全场三种类型（主题分别为：Down home、Bountiful blossom 和 Wreath）比赛中的两个第一名。其中，作品《牛郎织女》获得"Down home"类的第一名，作品《花环》获得"Wreath"类比赛第一名。在会议上，陈国菊还做了《人物与动物压花艺术专题设计》和《华南农大压花艺术教学的经验》2个特邀报告，受到一致好评。

压花艺术越来越普及。目前，从事压花艺术的国家有中国、英国、美国、日本、丹麦、乌克兰、荷兰、德国、法国、意大利、匈牙利、荷兰、加拿大等。

# 任务二　压花书签和贺卡创作与设计

## 【观察】

图3-5　压花贺卡示例

观察 1. 图 3-5 中压花贺卡所表现的主题是什么？

观察 2. 图 3-5 中的蜡烛芯是用什么材料做成的？还能用哪些材料来做？

## 【知识点】

### 压花书签和压花贺卡的构图造型

压花书签和压花贺卡构图造型上多采用写生式、插花式、中国画式、人物动物式、风景式、自由式、几何图形、字母形等。

**1. 写生式** 又称为自然生长式构图，依照自然界植物生长的天然形态，用压花的形式来展现花卉的自然风貌，表现生机勃勃、蓬勃向上的自然景象。

**2. 插花式** 借鉴插花艺术的创作手法与造型特点，用压花的形式表现插花的花器和插花的造型，如瓶插花、花篮、花束等西方式插花，造型多样的中国传统瓶花、篮花、盘花、缸花、筒花、碗花等东方式插花，以及东西方结合的现代式插花。

**3. 中国画式** 借鉴中国传统绘画的写意手法，用压花花材创作花鸟、鱼虫、山水、人物等。特别是长条形的书签，类似中国画的条幅，依照中国画写意或工笔画的构图，宜于表达意境深远的画面。

**4. 人物动物式** 利用压花花材天然的色泽、形态、质地等特点，以抽象式构图创作人物动物，宜于表现富有情节的画面。

**5. 风景式** 创作压花贺卡时，也可以利用压花在卡片上设计一些风景画。

**6. 自由式** 可分为下垂式、团块式、水平式和对角线式。

（1）下垂式 依照自然界中的枝条、藤蔓的形态进行构图，宜于表现飘逸的动感。

（2）团块式 依照图案形式构图，组成各自独立的团块。

（3）水平式 采取横向构图、左右对称的方式设计，宜于表现较规则的画面。

（4）对角线式 采取上下构图，上部为下垂式，下部为自然生长式或人物、动物等，宜于表现较大空间的画面。

**7. 其他类型** 可根据书签和卡片的不同外形，设计更多的图案类型。

## 【任务实践】

### 实践一 创作一张压花书签

**1. 材料用具**

（1）材料 白乳胶、花材等。

（2）用具　剪刀、镊子、裁切刀（图3-6）、塑封机（图3-7）、打孔器（图3-8）和粉画笔（图3-9）。

图3-6　裁切刀

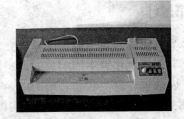

图3-7　塑封机

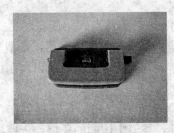

图3-8　打孔器

图3-9　粉画笔

**2. 操作步骤**

（1）确定主题　压花书签的主题非常多，一幅优秀的作品应该充分表达其主题并且能激发观赏者的想象力，使观赏者能与设计者产生共鸣。

（2）绘制草图　根据表现主题绘制出草图。构图方式可以参照【知识点】的构图造型。

（3）创作书签背景　选择粉画笔在纸上创作背景，也可选择其他颜料，但不同颜料对应纸张类型也不同。注意颜色不宜太多太艳，否则将喧宾夺主。

（4）裁切　根据需要，用裁切刀将背景已经做好的纸张裁切成不同书签大小。

（5）粘贴花材　根据绘制好的草图，粘贴花材。

（6）压膜保护　将塑封机温度调至120℃，将书签热膜塑封保护。

（7）打孔系丝带　用打孔器在书签上部中间或一侧打孔，系上丝带，书签创作完毕。

**3. 检查**

（1）压膜是否平整？若不平整，原因可能是塑封机压制轴不干净或温度设置过高。

（2）压膜后膜内是否有水雾？若膜内有水雾，原因可能是花材不够干燥或者粘贴剂过量。

## 实践二　创作一张压花贺卡

**1. 材料用具**

（1）材料　白乳胶、颜料、花材等。

（2）用具　剪刀、镊子、裁切刀、塑封机。

**2. 操作步骤**

（1）确定主题　根据贺卡的赠送对象确定主题。

（2）绘制草图　根据表现主题绘制出草图。

（3）创作贺卡背景　选择粉画笔在贺卡上创作背景，也可选择其他颜料。

（4）粘贴花材　根据绘制好的草图，粘贴花材。

（5）压膜保护　若直接在贺卡上压膜应采用冷膜保护。将塑封机温度调至60℃，用冷膜塑封。

**3. 检查**

（1）冷膜是否平整。

（2）压膜后膜内是否有水雾。

## 【关键问题】

**1. 如何选择底衬**　设计图案前，注意看好底衬的上、下、正、反。书签边缘必须留出 0.3cm 的边距，上部要留出打孔系丝带的位置。不能将花材摆放到书签的边缘，以免影响效果。

**2. 如何确定构图类型**　根据卡片的不同用途，选择适当的构图造型。设计中必须注意图案的外形轮廓是否明显，是否符合所要设计的图案特点，并进行适当调整。

**3. 如何处理花材**　根据构图要求，注意从色泽、形状、质地等方面选择合适的花材。叶片种类不宜太多，一般不超过两种，否则因画面较小而显得杂乱无章，缺乏美感，利用同种而不同大小的叶片进行设计，可达到视觉上既规整、统一，又富于韵律与变化的美学效果。选择与底衬色彩协调的花材、叶材，确定设计的图案类型。

充分利用花材压制中自然形成的弯曲度，可在构图中形成漂亮的曲线，构图中有缺憾时，注意用线状花材或叶片调整图案的长度（高度）和宽度。构图中明显的空白，要用点缀花材填充并注意色彩的平衡。花材、叶材正反面均可利用，巧妙的应用可形成悦目的色彩反差。因书签和卡片画面小，主花不宜过大，数量不宜过多，最好用奇数 1、3、5 朵。最好是花压叶，不要叶压花。构图形成后，一定要审视全画面，注意点缀（填充）花材的运用，一切小枝、小蕾、小花瓣均可利用，有时会起到"画龙点睛"的奇妙效果。

构图中还应注意花材摆布的疏密、轻重和聚散。

**4. 如何粘贴创作** 乳胶用量要适宜、均匀，切忌过多或漏胶。创作中屏住呼吸，避免把花材一口气吹跑。

压花书签和卡片完成后用干净吸水纸压平干燥后，再用塑胶膜塑封或使用其他保护方式夹于书中，以免干燥后翘起。待作品彻底干燥后，再塑封或使用其他保护方式，使作品保持长久。

## 【思考与讨论】

1. 压花书签和压花贺卡的构图设计类型有哪些?
2. 在压花书签和压花贺卡设计创作中应该注意什么?
3. 利用压花可以装饰哪些日常用品?

## 【知识拓展】

**1. 压花钥匙链和手链** 压花钥匙链和手链的图案设计以简洁明快为宜。如在小小的圈环内设计出各种姿态的昆虫、活泼可爱的卡通人物、鲜艳欲滴的水果或简洁的平面造型（图3-10和图3-11）。只要设计巧妙，一花一叶都能起到很好的效果。

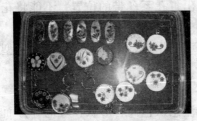 

图3-10 压花钥匙链　　　　　图3-11 压花手链

**2. 压花杯垫** 日常生活中的杯垫形形色色、大小不一。在设计压花杯垫时，首先要考虑其大小和形状，然后再选择适宜的图案类型。下面以图3-12中杯垫为例，介绍其创作过程。具体步骤如下:

图3-12 压花杯垫

（1）确定主题。

（2）绘制草图 根据表现主题绘制出草图。构图方式可以参照压花书签和压花贺卡的构图造型。

（3）粘贴花材 根据绘制好的草图，用白乳胶粘贴花材。

（4）灌胶 保持杯垫水平，用环氧树脂胶灌入杯垫内，厚度以盖住花材为宜。待胶干燥后即创作完毕。

**3. 压花扇子** 扇子多为椭圆形、扇形、长方形或近似三角形，可以根据扇子的外形轮廓，将压花设计为椭圆形、放射状、三角形或其他图案。下面以冷裱膜覆盖法为例介绍其创作过程，具体步骤如下：

（1）将压花直接贴在扇子表面。

（2）将冷裱膜按扇子表面大小裁剪后，仔细贴于扇子表面。为防止空气进入和产生静电使花材上浮，可用手帕、毛巾或卫生纸擦拭冷裱膜表面，使其紧密粘贴于扇面上。

（3）减去扇子周围多余的冷裱膜，压花扇子创作完毕。

利用压花还可以创作很多其他用品，如压花名片、压花便签、压花餐巾纸盒、压花请柬和压花礼盒等压花纸制品，压花桌布、压花靠垫、压花窗帘、压花床罩和压花衣服等压花布制品，以及其他压花木、瓷、玻璃（图 3-13）、塑料或金属制品。

图 3-13 压花玻璃制品

# 任务三 压花风景画创作与设计

**【观察】**

观察：你认为图 3-14 中的作品值得学习的地方有哪些？不足之处又有哪些？如果要弥补这些不足，你认为怎样处理比较合适？

图 3-14　压花风景画示例

## 【知识点】

**1. 风景的基本要素**　景物、景感和条件是构成风景的三类基本要素。景物是风景构成的客观因素、基本素材，是具有独立欣赏价值的风景素材的个体，包括山、水、植物、动物、空气、光、建筑及其他诸如雕塑碑刻、胜迹遗址等有效的风景素材。景感是风景构成的活跃因素、主观反映，是人对景物的体察、鉴别和感受能力。例如，视觉、听觉、嗅觉、味觉，触觉、联想、心理等。条件是风景构成的制约因素，是赏景主体与风景客体所构成的特殊关系，包括个人、时间、地点、文化、科技、经济和社会各种条件等。

**2. 压花风景画**　压花风景画就是依据花材的色彩、形态、质感，用植物压花花材来设计山、水、植物、动物、空气、光、建筑，以及其他诸如雕塑碑刻、胜迹遗址等构成风景的元素，创作风景画。

## 【任务实践】

创作设计一幅压花风景画：

**1. 材料用具**

（1）材料　水彩纸、丙烯颜料、白乳胶、画框、锡纸、硅胶干燥板、花材等。

（2）用具　剪刀、镊子、裁切刀。

**2. 操作步骤**

（1）确定主题　压花风景画的主题可以是自然风景，也可以是人文景观。

（2）绘制草图　根据表现主题用铅笔绘制草图。

（3）选择花材　根据主题和草图，选择最适合的花材。花材可以是花瓣、叶片、花枝甚至树皮等不同植物的不同器官。创作压花风景画无论从色彩、形态还是质感都需要很多花材，所以设计创作作品以前需要收集丰富的花材。只有有了丰富的花材，在设计创作时才有更多的选择余地。

（4）创作背景　根据表现主题和花材选择背景的颜色，可以用粉彩、水彩或其他不同颜料绘制背景，也可以用花材创作背景。注意颜色不宜太多太艳，否则将喧宾夺主。

（5）裁切　根据需要，用裁切刀将背景已经做好的纸张裁切成不同大小。

（6）粘贴花材　根据绘制好的草图，粘贴花材。

（7）装裱　选择一块硅胶干燥板，将干燥板放置于锡纸上。然后，将创作好的压花风景画放置于干燥板上面。整体翻过来，即锡纸面在上。用手将锡纸覆盖面压实排进空气，返回画正面，将锡纸留边与画面边缘空气排尽粘贴结实。选择白色卡纸做边框，将作品镶入其中。选择配套画框，将画框背面朝上放于桌面，先镶入玻璃，再嵌入带有卡纸的压花风景画。覆盖纤维背板，用胶带密封背板，作品装裱完毕。

**3. 检查**

（1）硅胶干燥板是否充分干燥？若为深蓝色，说明充分干燥。若为淡蓝色，甚至为蓝紫色、粉红色，说明干燥板已受潮，应充分干燥后再使用。

（2）作品是否装裱密封完好？密封完整与否将直接影响作品保存期的长短。

## 【关键问题】

**在压花风景画创作过程中的注意事项**　压花作品的创作过程是一个精细的过程。作品艺术价值的高低，与创作者的艺术水平和工艺创作能力都有很大关系。创作者除了掌握一些必要的创作方法和创作技巧以外，还要注意创作过程中一些应该避免的问题。

**1. 忌脏**　无论何种工艺作品，都要求其画面整齐美观，避免脏乱。压花作品也有这方面的要求。压花作品所说的脏，包含两个方面的含义：

（1）压花作品是将叶片经过粘贴成为画面，使用了大量的粘贴剂，不留心将粘贴剂弄到压花作品画面上，产生污点。

（2）有些植物枝叶因保管不善发霉变黑，应用了这样的材料，也会污染压花作品的画面。

在创作压花作品的过程中，要尽量避免上述情况发生。对于前者，主要是在涂粘贴剂时做到量少、均匀、全面，不使粘贴剂被挤压到叶片外面。对于后者，要注意选择好的创作材料，剔除影响画面效果的材料。

**2. 忌乱**　所谓乱，是指画面上的构图没有规律，创作工艺不精细。首先是画面主题不明确，构图不肯定，导致内容分散，不紧凑。其次是压花画在创作过程中，排列无序，使人看了感到凌乱。因此，要注意这方面的问题。特别是在羽毛、鳞片、花瓣等有一定规律的物体的表现上，一定要摆放有序。

**3. 忌杂** 所谓杂，是指压花作品画面的创作材料杂乱。压花作品画面所用的材料是非常广泛的，但一定要根据具体内容选择必要的材料，不能将一些可有可无的材料拼凑上去。这样不仅降低了压花作品画面的欣赏价值，而且也浪费了不少创作时间。压花作品要求画面简洁，用材得当，所表现的内容不能过多，所选择的叶片不能过杂，特别是那些表现自身的叶片。叶片种类过多使人感到画面主题不突出，缺乏艺术价值。

**4. 忌虚** 所谓虚，是指压花作品创作过程中由于创作材料涂胶不够，没有粘牢，使叶片起翘、卷曲，甚至脱落。压花作品画面主要是用粘贴剂粘贴创作材料，所以，粘贴是压花画创作的一项基本功。在创作压花作品的过程中，如果涂胶多了，叶片会产生皱褶；涂胶少了，有些地方没有涂上，又会产生虚脱现象。

**5. 忌皱** 起皱是压花画创作时常遇到的现象。特别是粘贴那些面积较大的叶片，叶片容易吸收水分产生膨胀，如果不待其膨胀就粘贴上去，就会产生皱褶，影响画面的美观。另外，涂粘贴剂过多，也会使叶片产生皱褶。为了避免皱褶产生，应从两方面注意：一是涂粘贴剂要少而匀，二是叶片面积较大时，涂粘贴剂以后稍稍等待片刻，让其充分膨胀后再粘贴，即可避免皱褶产生。

## 【思考与讨论】

1. 在创作压花风景画之前应该做哪些准备工作？
2. 怎样使压花风景画保存时间更长久？

## 【知识拓展】

**1. 背景处理的方法** 压花作品如需进行背景处理的，应先在样纸上处理好背景。背景以水彩、水粉或各种彩笔直接涂抹，但颜色不要过深，以浅、淡为宜，背景色彩过重会破坏花卉的自然原始风味，使作品失去质朴感。

通过对作品背景进行处理，从而达到谐调色彩、丰富层次、增加景深、增强立体感等多方面的作用，最终使压花作品有更好的艺术效果和更强的艺术感染力。压花画背景处理的方法有 8 种：水墨法、粉彩法、水彩法、金属颜料法、油彩法、丙烯颜料法、喷漆法、多媒材法。

（1）水墨法 将黑色的墨汁加水之后可调出深浅浓淡不同的一系列灰色调。用不同灰色调以中国画的手法表现空间的层次，并且宜与花材的各种色彩相协调。在这种背景下创作中式压花画，由于水墨的浓度变化，往往能达到多层次的视觉效果与沉淀心灵的作用。

（2）粉彩法 利用刀片刮下粉彩的粉末，再用棉花或手指蘸取粉末涂擦于底衬纸上即可。在实际应用中，也可以用不同颜色的粉彩末混合调出新的颜色。成块面型的背景足最容易烘托作品气氛的，同时搭配软橡皮或彩色铅笔的应用，使画面更活泼生动。这种方法还可应用在表现天空中白云朵朵的景象，效果很好。

（3）水彩法　根据需要选择运用水彩与透明水色。水彩以水为媒介，在色彩与水之间的组合，能产生千变万化之美，熟悉水彩的人，也可以用渲染法，将画作背景创造出震撼的视觉感受。但要注意宜浅淡，不宜浓烈，否则会在压花作品中喧宾夺主。

（4）金属颜料法　用金属颜料进行底色背景处理。因颜料本身具有金属光泽，能产生亮度而又不过于华丽，有彩度，但又不娇艳，透着一份古典的神秘感。涂抹金属颜料的方式，可用手指或海绵直接按颜料，以按压及涂擦的方法交替运用。

（5）油彩法　用油彩颜料进行背景处理。油彩是绘画中独具特性的彩色颜料之一，必须以油性稀释液作为调试颜料的媒材。配合油彩使用的器具种类很多，油画笔扁、圆、粗细不等，必须备有刮刀。只要掌握这些工具的运用，并具有对色彩调和的基本概念，便能发挥油彩特性，创作独特的画面质感与触感。这种背景处理目前很少见，是油画艺术与压花艺术结合的一种尝试。

（6）丙烯颜料法　丙烯颜料又称压克力颜料，属于水溶性颜料的一种，与水彩相同，需与水调和后使用。近年来，丙烯颜料已逐渐普及，可与各种不同属性的颜料混搭使用，作为背景处理材料，效果很好。

（7）喷漆法　喷漆色彩种类很多，喷出的效果与质感也不尽相同，喷口的距离及喷口的移动都会产生不规则的图像，也可丰富画面的层次，增加变化。

（8）多媒材法　利用绵纸、绢布、染布、拼贴金箔、广告纸或其他各种媒材，可在底衬上创作出更新颖、奇特、意想不到的背景效果。

在压花创作中，采用上述各种方法，丰富画面背景，是解决压花艺术这平面视觉艺术中立体效果难题的重要手段。这些方法都是不同种类的艺术相互借鉴、相互渗透的结果，这也是艺术发展的必由之路。

**2. 压花作品保护的方法**　压花作品中的干燥花材与空气接触后仍然会很快变褐、褪色、被虫蛀，甚至腐烂，很快失去原有作品的魅力。为了永远留住压花作品的魅力，必须对压花作品加以保护，延长作品的欣赏时间。

国际上现在最常采用的保护方法是日本创造的将玻璃框抽真空后密封。这种方法使花材在真空中密封保存，护色效果持久。近年来，东北林业大学研究的用高分子薄膜对压花画面抽真空压封的护面方法，既可使膜、花形成一体，又增强了压花作品的立体感及艺术魅力，而且表面可以清洗，携带也方便。经过这种护面的压花作品，如花材是经过化学护色的，作品摆放的位置不受直射光照射，其花色也可长期保存。

压花作品保护的方法依作品的形式和使用的花材而各有不同，下面介绍几种保护方法。

(1) 塑封覆膜保护法　塑封覆膜是最简单的保护方法。粘贴好的压花作品，可用塑胶膜进行保护。塑胶膜有两种：一种是过塑胶片，将作品放在胶片间，用过塑机过塑；另一种是带有黏胶的塑胶膜，将其覆盖在作品上，用覆膜机加热加压，使塑胶膜紧紧地压粘在作品卡纸上面，再沿作品边缘把多余的塑胶膜修剪整齐。覆膜可作单面覆膜和双面覆膜，以双面覆膜保护效果最好。应当注意的是，由于覆膜过程中的加热作用，一些花材会产生一定的变色，对经过化学保色的花材无影响。

对带有黏胶的塑胶膜，也可以手工将膜覆于画面上，常用的材料有透明不干胶膜和透明胶带。此方法可做装饰面平整但较厚重的压花作品的画面保护，且可做局部覆膜保护。但由于是手工操作，膜和背景之间有时会出现气泡，影响画面效果，不适合做大型作品的保护。不干胶的失效老化也会影响作品的欣赏寿命。过塑的压花作品通常可以保存 7~8 年，但过塑的作品质感较差，档次不高。对覆膜的压花作品来说，如果使用质量好的塑胶膜，真空覆膜对作品质感影响很小，再将作品装裱好，装置在尺寸合适的玻璃镜框中，作品精致优美，十分高雅。

(2) 密封镜框保护法　密封镜框保护法是将作品用塑胶膜装裱后，放入带有玻璃的镜框，再密封镜框四周。具体做法就是将压花作品装裱后，镶嵌在玻璃镜框中，在作品卡纸的背面与镜框连接处放置干燥剂、防腐剂或防虫剂，以防受潮、腐烂或虫蛀，再用树胶密封镜框四周有缝隙的地方。如果能将镜框中的空气抽真空再密封，效果更佳。

镜框最好选择木质的，与压花作品一样保持天然制品的特色，也可选用金属框。为了更有效地防止日光照射和潮湿空气侵入，还可以采用防紫外线照射的玻璃或有机玻璃。

(3) 热薄膜保护法　用布做底衬制成的压花作品，如餐巾、桌布、窗帘等，可用热薄膜保护法使布面平整，得到保护。此方法类似塑封覆膜法，但这种方法不需用覆膜机，而只需电熨斗手工操作。

以布餐巾为例，布餐巾在宴席上要叠成三角形等各种形状放在酒杯中，将花材设计好粘贴在餐巾布上，并立即压在重物下，4h 后取出，取热薄膜剪成餐巾布大小，撕下内面纸盖住压花，用纱布做成垫布盖在薄膜上，用中等温度的电熨斗从中心向外熨烫，使薄膜紧紧地粘在餐巾布上就可以了。这样就制成了一张雅致的压花餐巾，而且使用时不会因为摩擦而使花叶损坏，有一层薄膜的保护可以使用较长时间，这种保护方法也可用于大型压花作品的创作。

（4）树脂保护法　用高分子树脂材料涂抹或灌制压花作品的方法，称树脂保护法。此方法适用于有一定厚度的木制品，如小提琴，也适用于较厚花材创作的压花作品。

在光洁平整的木质品表面，按设计好的图案粘贴花叶，待其干燥后，用小油画笔将树脂小心涂抹在作品的表面，干燥后再涂抹5～6次，最后喷上一层清漆。需要特别注意的是，树脂和清漆都只能是薄薄的一层，不能太厚，否则影响作品的自然效果。

（5）石蜡保护法　石蜡保护法与树脂保护法类似，只是作品表面保护剂用的是石蜡而不是树脂。如压花蜡烛，具体做法就是在蜡烛表面贴上压花花材，然后将其在加热成液体状态的蜡中过一下让其表面有一层薄薄的蜡做保护层。所使用的石蜡熔点不能太高，否则破坏压花花材。

（6）真空压封法　利用高分子薄膜对压花作品进行真空压封，使画面与膜形成一体，不仅增强了压花作品的立体感，而且表面可以清洗，携带方便，同时也增加了压花作品的魅力。

除了以上的保护法外，压花作品放置的环境也很重要。为了能较长时间地保存压花作品，勿将其放置在潮湿、高温、阳光直接照射的地方。

# 模块四 水培花卉创作与养护

## 任务一 水培花卉创作

图 4-1 水培滴水观音

水培花卉是将花卉栽植在盛水容器中的一种花卉栽培方式，与传统土壤盆栽相比，具有清洁卫生、养护简单、观赏性强、便于组合等特点，近年来备受广大花卉种植爱好者的青睐。水培花卉如何选材，如何创作？答案从观察图 4-1 开始……

观察 1. 图 4-1 中水培花卉的是什么植物？

观察 2. 图 4-1 中水培花卉具有什么特点？

观察 3. 图 4-1 中水培花卉作品由哪些部分构成？

**1. 水培花卉的概念** 水培技术，又称营养液栽培技术，是把植物种植在一定的容器中，通过营养液供应和科学的栽培管理，使植物能正常生长发育的一项栽培技术。水培花卉，是采用物理、化学、生物诱导等技术，对花卉的根部组织结构进行驯化，使其能够长期适应水中生长的花卉。

**2. 水培花卉植物学特点**　并不是所有的植物材料都能用于水培，即使可以水培的植物材料，水培诱导驯化难易也存在很大差异，研究发现，适宜水培的植物一般具有以下特点：

（1）具有发达的通气组织　通气组织是由薄壁组织中的细胞间隙相互联合而成的网状气腔和气道，能够贮藏和输送氧气，光合作用产生的氧气通过气腔贮藏和气道的输送，满足根部呼吸所需，因而能适应水培条件下较缺氧的不良状况。属于这类植物的有生长在热带雨林中的花烛（红掌）、花叶芋等。

（2）具有气生根　有些植物在地上茎节处极易产生气生根，如常春藤、络石，以及热带雨林中的绿箩、龟背竹、春羽等。气生根对植物本身而言具有攀附作用，同时气生根通常具有发达的通气组织，能够从空气中吸收氧气和营养。

（3）具有较强的耐低氧能力　有些植物虽然不具有通气组织、气生根，但对水中溶氧量要求较低，即耐低氧能力强，因而也能适应或较适应水培环境，如栀子花、鸢尾等。

**3. 水培花卉不定根诱导**　植物的根有两种，一种是来源于胚的胚生根，它是植株形成强大根系的基础；另一种是不定根，它不按正常时序发生，且出现在非正常的位置（如茎、叶）。多数情况下，不定根的发生是由于植物器官受伤、病原微生物或激素等外界因素的刺激下表现出来的植物再生反应。在受到机械创伤与水分的厌氧胁迫时，植物会在形态学下端的受伤部位或水淹的水陆交界处形成大量的不定根，这种不定根的形成对于特殊环境下植物生理生化的调控上具有积极的作用。

当进行陆生植物的水生诱导时，就是进行陆生植物的科学去根，这种去根的过程其实就是创伤引发植株体内激素变化与相关代谢机制重建的过程，从而诱导不定根的发生。在高湿的环境下，催生的不定根根系在根构型的变异上与陆生植物存在明显的差异，从多级分生的根构型变成单轴延伸或简单的二分枝构型，这种构型更接近于水生湿生植物的根构模式，也是环境适应的一种体现，更利于植株内氧气的扩散与传输，更利于水分及矿质营养的高效吸收，根的尖削度也大大减小，这对于厌氧环境下建立科学高效的摄氧机制来说具有更好的生态适应性。

## 【任务实践】

### 实践一　由植物种子制作水培作品

**1. 材料用具**

（1）材料　各种植物的种子。

（2）用具　海绵、透明塑料收纳箱、光照培养箱、塑料泡沫板。

**2. 操作步骤**

（1）将海绵吸水后置于塑料收纳箱内。

（2）将种子播种在海绵上，置于光照培养箱内催芽，直至萌发。

（3）把植物幼苗转入塑料收纳箱水培营养液中，在漂浮塑料泡沫板山打孔固定，诱导不定根的产生。

（4）待植株根系发育完全、生长健壮后，选择合适容器制作水培植物作品。

**3. 注意事项**

（1）部分植物种子可能存在休眠，不容易萌发，需要采取机械去除外种皮、赤霉素处理、低温层积等打破休眠的措施。

（2）不同植物种子萌发对温度、光照条件需求存在差异，提前应查阅资料了解植物生长习性。

（3）有些植物幼苗主根很长，可以在其生长至一定长度后断根，促使侧根大量萌发以利于后期水培。

### 实践二　草本、多肉植物水培作品制作

**1. 材料用具**

（1）材料　各种盆栽花卉，包括草本、多肉植物。

（2）用具　剪刀、光照培养箱、塑料泡沫板。

**2. 操作步骤**

（1）选择生长健壮、株型好的成型盆花。

（2）脱盆去土，冲洗根部泥沙。

（3）剪除植物根系，修剪植株茎、叶，保持形态平衡。

（4）将植株根基部浸入高锰酸钾、次氯酸钠、双氧水溶液浸泡消毒，适当晾干备用。

（5）将植物固定在水培容器中，使基部略微接触液面，在光照培养箱中清水培养直至根系长出。

（6）转入营养液中培养，直至植株健壮。

**3. 注意事项**

（1）根系修剪时，不要把植株根系剪的太重，适当保留基部根原基，以利新根产生。

（2）消毒液的浓度一般严格按照试剂使用说明，太高会对植物造成伤害。

### 实践三　木本植物水培作品制作

**1. 材料用具**

（1）材料　木本植物材料。

（2）用具　剪刀、塑料桶、玻璃瓶、水培定植篮、陶粒。

**2. 操作步骤**

（1）选择生长健壮、株型好的木本植物。

（2）在自来水下将植株根系冲洗干净。

（3）修剪植株根系去除须根及部分侧根，并疏除部分枝叶，维持植株形态平衡。

（4）用生根剂蘸根处理，常用的生根剂包括萘乙酸、吲哚乙酸、吲哚丁酸、生根粉等。

（5）将植株栽入湿润的基质中诱导不定根产生。

（6）将具有不定根的植株转入水培床进行适应性培养。

（7）将植株转入营养液中进行生长，直至健壮。

（8）将植株固定在水培容器中，营养液培养。

**3. 注意事项**

（1）木本植物生根相对困难，可在外源植物生长调节剂的作用下在湿润的蛭石、珍珠岩等基质中诱导不定根产生。

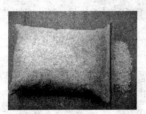 

图 4-2　珍珠岩　　　　　　图 4-3　蛭石

（2）木本植物株型大的，可以借助水培定植篮，卵石或陶粒等基质加以固定在容器中水培。

图 4-4　水培定植篮　　　图 4-5　卵石　　　　图 4-6　陶粒

**【关键问题】**

**1. 如何诱导难以生根植物不定根的产生？**

一是物理诱导法，通过在水培诱导床下铺设磁铁或电源线，创制出一个磁场或电场，提高不定根诱导率，缩短不定根诱导时间；

二是化学诱导法，通过植物生长调节剂，主要是外源生长素的施用，通过短期的高浓度蘸根或长时间的低浓度浸泡的方式。

**2. 水培作品创作时应考虑的主要因素？**

一是植物材料。首先应考虑植物的形态特征、功能特性、文化寓意等选择植物材料，在此基础上考虑从植物种子做起还是从成型植株做起，最后还要根据所属草本、木本、蔓生或是多肉植物等类型，选择适宜的不定根诱导方式。

二是选择合适的水培容器。在容器选择上应考虑容器造型和植物体态的协调性，以及水容器大小和植物形体的匹配性，还应考虑容器的材质，包括玻璃、有机玻璃、塑料制品、砂、陶、瓷、金属质地器皿等，还应具有一定的造型及艺术形象，以便于更好衬托植物的姿质，增加作品的观赏性。

## 【思考与讨论】

1. 与盆栽花卉相比，水培花卉具有哪些优点？
2. 水培花卉作品创作的基本流程？
3. 总结常见水培植物，归纳它们在组织结构上具有哪些特点？

## 【知识拓展】

**1. 水培花卉的概念**　1859—1865 年德国萨克斯（Sachs）和克诺普（Knop）用营养液栽培植物并获成功，称其为"水培"（Water culture），这是水培一词的最早出处。美国把水培称为 Hydroponics，日本称水耕栽培。目前，我国对"水培"及"水培花卉"的定义均未统一。马太和将水培分为广义和狭义两种：广义的水培，即无土栽培，是指不要土壤，完全用化学水溶液培养植物；狭义的水培是指植物根连续或不连续地浸入营养液中的一种栽培方法。刘士哲指出，水培是指植物根系直接生长在营养液液层中的无土栽培方法，认为无土栽培又称为营养液栽培、溶液栽培、水培、养液栽培等。张鲁归认为室内水栽花卉就是以水为介质，将花卉直接栽养在盛水的透明器皿中，并施以生长所需的营养元素，以供居室绿化装饰的一种栽培方法，属无土栽培非固体基质型的水培方法。林新认为，水培花卉主要是通过生物诱变技术，诱导非水生花卉组织产生类似于水生花卉的组织结构，使花卉的根部可以长期浸泡在水中，不会出现烂根的栽培方式。

**2. 水培花卉的分类**　水培根据营养液液层的深浅不同分为 3 种类型：包括在 1～2cm 的浅层流动营养液种植植物的营养液膜技术；营养液液层深度为 4～10cm 或更深厚的深液流水培技术；在较深的营养液液层（5～6cm）中放

置泡沫塑料，根系生长在湿润的无纺布上的浮板毛管水培技术，该分类法在水培研究领域基本达成共识。此外，根据水培花卉在透明和不透明容器中栽植的方式将其分为显根水培花卉和暗根水培花卉；也有将水培细分为：液面上下法、循环法（流动法）、通气法、落水法、喷射法、营养膜技术、漂浮法等的分类方法。

**3. 水培花卉的应用** 目前，水培花卉应用在以下方面：

（1）**花鱼共养** 水培花卉将养花和养鱼巧妙组合，使人们在目睹"花卉根系"的生长过程的同时，还能享受到鱼儿穿梭花根间的乐趣，达到"上面看花、下面观根、水中赏鱼"的动静和谐之美。

（2）**管道栽培** 将植物的枝段或种子栽培到 PVC 塑料管道上，通过微型计算机控制管理，使之在营养液中快速地生长、开花、结果的植物栽培新模式。

（3）**阳台美化** 城市阳台绿化是属于城市垂直绿化的一部分。随着城市越来越多的高层建筑拔地而起，其阳台是楼层的半室外空间，是人们在楼层室内与外界自然接触的媒介，是室内外的节点。阳台水培形式多样，可以设计成观赏性，也可以设计成应用性（如水生蔬菜等），也可以设计成功能性的（如为了降低温度等）。

（4）**屋顶绿化** 屋顶花园是城市中园林绿化的一种新形式，为改善城市生态环境，创建绿色家园开辟了新的途径。住宅屋顶绿化由于实施分户管理还解决了绿化的修剪、补充水分等的日常管理问题。随着城市住宅建筑的高速、高密度发展，屋顶花园作为城市住宅的第五立面，它的发展越来越被人们所关注和青睐。

（5）**室内观赏** 利用室内一隅，创造漂浮绿化空间，栽上适于室内的耐阴品种，创造出其他栽培模式所不能相比的效果。室内的漂浮绿化特适合北方室内干燥的地区，利用它可以调节室内小气候，创造出绿意盎然而温湿度适宜的怡人生活空间，是天然生态的加湿器。此类产品可广泛用于家庭、办公室、宾馆、餐厅等各种场合的摆放。

（6）**特色农业生产** 水培是农业上的一项重大改革。其意义在于：在没有可能进行土壤栽培的情况下，作为一种适宜的设施栽培，而有效地发挥其优点；同时作为一种省力的可能设施；可作为避免连作障碍的设施而得到发展。

（7）**水域净化/漂浮美化** 利用水生诱导技术能实现绿色植物的漂浮栽培，使水面的利用发生了改变，可以在水面从事农业生产，可以在水上建立花园，可以在水上建立生态治污系统等，可以达到美化环境、净化水质、生物治污的效果。

**4. 水培花卉发展趋势**　水培花卉技术发展到现在已有几十年的历史了，从最初的试验研究到现在的大规模商业化生产，在技术上已渐趋成熟和完善。从近几年来水培花卉的发展情况来看，今后的发展趋势是朝着两个方面来进行的：一是朝着规模化、集约化、自动化的方向，二是朝着小型化、家用化方向。由于水培花卉生产的优势越来越受到人们的重视，同时由于温室的设计、材料及生产工艺的改进、现代化控制仪器仪表特别是计算机技术在水培花卉生产中的应用，使得水培花卉的生产成本大幅度降低，而产量则不断地提高，种植者的经济效益更高，反过来投入到水培花卉生产的资金也日益增加，促使水培花卉生产向规模化、自动化和集约化方向发展，形成规模效益。另外水培花卉技术可作为一种普及的科学技术，在家庭、工作场所的使用也日益受到人们的重视。随着住房条件的改善、人们收入的增加，在家居的阳台、天台利用水培花卉这既干净卫生，又方便实用的技术来种植花草、陶冶性情，已在许多居民中进行。因此，水培花卉未来发展前景广阔。

## 【任务安全环节】

1. 水培玻璃器皿应选择做工厚实、质量可靠的产品，使用前应检查有无破碎或裂纹，以免操作过程破碎伤人。

2. 修剪植株过程中，应带棉质手套，防止剪刀、枝剪伤人。

3. 根部消毒使用的化学试剂应戴乳胶手套，防止沾染皮肤。

4. 带刺植物操作时应用夹子操作，以免刺破皮肤。

# 任务二　水培花卉的养护

## 【观察】

图 4 - 7　水培白掌

水培花卉清洁卫生、观赏性强，但也有许多花卉种植爱好者购买水培花卉后仍按照土壤盆栽花卉那样浇水、施肥，最终导致水培花卉生长不良，甚至死亡。水培如何进行日常管理？答案从观察图4-7开始。

观察1. 图中水培花卉的是什么植物？

观察2. 图中的水培花卉选择什么营养液培养？

观察3. 图中水培花卉如何进行日常管理？

## 【知识点】

**1. 水培营养液**　水培营养液是将植物生长必须营养元素以一定的形态和方式溶入水中，向植物持续提供水、肥、气、热等生长因子的一种液态基质。

水培营养液中，特定的元素以一定的形态和浓度配比组合在一起，就构成了营养液配方。植物水培营养液配方常用的有格里克基本营养液配方、凡尔赛营养液配方、霍格兰营养液配方、汉普营养液配方、北京农林科学院无土花卉综合营养液配方等。在条件具备的情况下，可以根据现成配方，购置相关试剂，通过称量、溶解、定容等一系列操作亲自制作水培营养液。目前，市场上也有许多营养液浓缩品，需求者也可以有针对性地从市场选购。按营养液的适用性一般可分为单类营养液和综合营养液两类。单类营养液，有观叶植物营养液、观果植物营养液、观花植物营养液，在观花植物营养液中又有专用营养液，如君子兰营养液、仙客来营养液等。综合营养液适用于各种植物类型。

**2. 植物生长三基点温度与安全越冬温度**　所谓三基点温度是指最低点温度、最适点温度和最高点温度。在最适点温度下，植物生长最旺盛；在低于最低点温度和高于最高点温度下，植物生长会受到不同程度的伤害，甚至会死亡。不同植物的三基点温度因植物原产地不同存在较大差异：①最低点温度。原产热带的植物，最低点温度较高，一般为18℃左右；原产温带的植物，最低点温度较高，一般为10℃左右；原产亚热带的植物，最低点温度为15～16℃。②最适点温度，一般在25℃左右。③最高点温度。一般来讲，50℃左右是原产热带的大多数植物的最高温度。

植物的越冬能力因种类不同而有差异，一般可分为以下3类：①抗寒性强。在0℃左右可以安全越冬，如水仙花、风信子、常春藤、络石、万年青、棕竹、龙舌兰、宝石花等。②有一定抗寒性，稍加保护即可越冬。这类植物大多原产亚热带地区，如君子兰、旱伞草、天竺葵、石莲花、芦荟、吊兰紫鹅绒、银叶菊、蔓长春花、鸭跖草类等。③抗寒性差，原产热带地区，周年需要较高温度，冬季温度不低于10℃；部分不能忍耐5℃以下低温，如富贵竹、红宝石喜林芋、绿宝石喜林芋、合果芋、虎尾兰等。

**3. 植物对光的适应性及水培植物室内放置**  依据植物对光照的适应性可将植物分为阳性植物、阴性植物和耐阴植物（中性植物）三种。阳性植物在全光照下才能生长健壮的植物，如仙人掌类、景天类、鸭跖草类等；阴性植物在弱光照下比在全光照条件下长得好，耐阴能力较强的植物，如天南星科、秋海棠科、姜科、竹芋科、蕨类等；耐阴植物（中性植物）在全光照或一定弱光照条件下也能正常生长，能耐适度蔽阴的植物，如蒲葵、龙舌兰、南洋杉、榕树、吊兰、鹅掌柴、常春藤、万年青、文竹等。

室内光照与室外大不相同，室内多数区域只有散射光。根据室内直射光、散射光分布情况，一般可分为以下区域：①阳光充足区——离向阳窗口 5cm以内及西向窗口等处，有直射光照射，光线充足明亮，适合摆放阳性植物，但对夏季的直射光要适当遮蔽；②光线明亮区——离向阳窗口 80～150cm 和东向窗口附近，有部分直射光或无直射光，适宜摆放耐阴植物；③半阴或阴暗区——离向阳窗口较远及近北向窗口，无直射光，光线较阴暗，适宜摆放阴性植物。

## 【任务实践】

### 实践一  水培营养液母液的配制

**1. 材料用具**

（1）材料  各种含有营养元素的化学试剂。

（2）用具  电子天平、烧杯、玻璃棒、容量瓶、试剂瓶、标签纸、pH试纸。

**2. 操作步骤**

（1）根据水培植物种类，查阅相关资料，确定适宜的营养液配方。

（2）根据水培植物的数量，确定母液的体积和浓度，从而确定各种试剂的需要量。

（3）利用电子天平，称量相应量的试剂。

（4）分别溶解。

（5）混合、定容。

（6）调节 pH。

（7）贴上标签纸，标注营养液名称、浓度、配制日期。

（8）低温（4℃）保存。

**3. 注意事项**

（1）称量、溶解用的容器一般为塑料、搪瓷或玻璃器皿，不要使用金属容器，以免发生化学反应，影响配制精度。

（2）母液浓缩倍数一般为 10～200×，不能太高，以免发生沉淀。

（3）根据植物需求量的不同和试剂溶性质，一般将母液配制为大量元素、微量元素、铁盐 3 种，分别配制、保存。

（4）不同植物对溶液的 pH 适应性不同，多数植物适应酸性或微酸性水质，营养液配制完成后用盐酸或氢氧化钠调节至适当 pH。

（5）溶解用水均为蒸馏水，不能使用自来水。

图 4-8　植物水培营养液

### 实践二　水培营养液的更换

**1. 材料用具**

（1）材料　营养液母液、蒸馏水。

（2）用具　量筒/量杯、pH 试纸。

**2. 操作步骤**

（1）根据水培植物材料的多少和容器的体积，估算水培营养液的体积。

（2）根据母液的浓度，计算各种母液的需求体积。

（3）量取各种母液，添加蒸馏水，稀释到所需浓度。

（4）倒出水培容器中旧的营养液，添加新的营养液。

（5）对植物根系进行冲洗后，置于新的营养液中。

**3. 注意事项**

（1）利用母液配制营养液时，先要观察母液有无沉淀，如有沉淀现象，则需另配。

（2）浓缩液稀释后，溶液的 pH 会发生变化，应根据植物适宜生长环境利用 1mol/L 的盐酸或氢氧化钠重新进行调整。

（3）营养液的水温应尽量和水培植物的培养保持一致，一般于室内放置几个盛水大桶，便于及时补水和换水，避免外界水源温差太大对植物生长带来不利。

### 实践三　水培植物的整形、修剪

**1. 材料用具**

（1）材料　各类水培作品。

（2）用具　枝剪。

**2. 操作步骤**

（1）短截和摘心　植物经过一段时间水培后，有些枝条过长而显得杂乱，影响通风透光和株形美观，应进行整形修剪。对过长枝条，在适当高度，用枝剪短截；也可摘心，将枝条顶端摘除。短截和摘心均能控制高度，又能促发分枝，使株型丰满。

（2）根系修剪　根系生长过长或老根数量过多时，将过长根短截，疏剪老根。修剪后不仅根系整齐，有利观赏，也能促发新根，有利吸收水分和养分，促使植物生。

（3）方位调整　水培植物受光不均很容易出现向光面生长旺盛而背光面枝叶稀疏，应定期观察，及时调整方位，使植株受光均匀，培养良好株形。

**3. 注意事项**

（1）在对植物材料进行整形、修剪时，剪刀一定要锋利，截面要光滑，以免影响植株生长，剪切口较大时可在剪口处涂抹石蜡或油漆，防止枝段干枯。

（2）在对植物根系修剪时，尽量与更换营养液的时间同步，减少工作量。

## 【关键问题】

**1. 如何掌握水培植物对营养液的需求规律？**

（1）植物的习性　植物根系粗大的，耐肥性强，施肥可适当浓些，如龟背竹、合果芋、喜林芋；根系较纤细的，耐肥性较弱，施肥宜淡些，如彩叶草、鸭跖草类、秋海棠类。

（2）植物生长特性　春秋两季温度为植物生长最适季节，植物生长旺盛，需肥多，施肥可浓些。冬季大多数植物进入休眠，生理活动十分微弱，一般停止施肥，如需要，应极淡。夏季高温期，有些植物也会进入半休眠状态，可停止施肥或仅用清水培养，若出现营养不良而影响生长，可改用叶面喷施0.1%尿素溶液、0.1%～0.2%磷酸二氢钾。

（3）植物类型　观叶植物施肥以氮肥为主，辅以磷、钾肥；叶面上具有彩色斑块、条纹的，应多施磷、钾肥，特别是磷肥，能促使色彩更加艳丽；也可应用磷酸二氢钾叶面喷施。观花植物在花芽分布及花蕾发育阶段，应以磷、钾肥为主，辅以氮肥。

**2. 水培花卉换水原则有哪些？**

（1）换水频率　春、秋季节7天左右换水1次；冬季10～15天一次；夏季3～5天一次。

（2）换水时间　当水量消耗20%～30%时，用清水补齐，以淹没根系2/3为宜；换清水时间应与更换营养液时间同步，以免浪费。

（3）水质　水培用的清水以纯净水为宜，自来水也可以，其他如河水、湖水、池塘水因成分不稳定，不太适宜。

（4）水温　换水前，可将清水置于大的盛水容器中放置半天，使水温与气温接近后再使用。

**3. 增加水培营养液含氧量的方法？**

（1）换清水是保证水质和增加水中含氧量的重要手段。

（2）换水间隔期利用增氧泵增氧，或用玻璃棒搅动水培容器中的营养液。

（3）定期开启门窗，保证空气流通，同样起到增加水中含氧量的作用。

## 【思考与讨论】

1. 植物水培过程中水质变坏的原因？

2. 查阅几种水培营养液配方，比较各种营养液的特点？

3. 植物水培过程中容易滋生绿藻，如何防止这一现象的发生？

## 【知识拓展】

### 植物必需营养元素及缺素诊断

根据植物组分分析，组成植物体的化学元素有 70 多种，其中不少化学元素对植物具有直接或间接的营养作用，但只有那些为植物的正常生命活动所必需，并同时具备以下 3 个条件的化学元素才能称为植物的必需营养元素：

（1）这种元素是完成作物生活周期所不可缺少的，即缺少这种元素，植物就不能完成其生命周期。

（2）缺少时呈现专一的缺素症，而且其他任何一种化学元素都不能代替其作用，惟有补充后才能减轻或消失。

（3）在植物营养上具有直接作用的效果，直接参与植物新陈代谢，并非由于它改善了植物生活环境所产生的间接效果。目前已经证明为植物生长必需的营养元素有碳、氢、氧、氮、磷、钾、钙、镁、硫、铁、锰、铜、锌、硼、钼、氯 16 种。

植物所必需的营养元素虽然多达 16 种，但并不是等量的被植物多吸收，因而各种营养元素在植物体内的含量也各有差异，一般根据植物体内的含量将其划分为三类：

（1）大量营养元素，植物对它们的需要量较多，约占植物干重的百分之几到千分之几，属于这类元素的有碳、氢、氧、氮、磷、钾 6 种，其中的碳、氢、氧虽然需要量最大，但因其容易在水分和空气中获得而不易引起人们的重视。氮、磷、钾三元素主要从土壤中获得，但土壤中可提供的有效含量又比较少，通常须通过施肥才能满足作物生长的需要。因此，被称为"植物生长三要素"或者"肥料三要素"。

（2）中量营养元素，植物对它们的需要量介于大量元素和微量元素之间，约占植物干重的千分之几，主要是钙、镁、硫 3 种元素。

（3）微量营养元素，植物对它们的需求量很少，只占植物干重的万分之几及以下，包括铁、锰、铜、锌、硼、钼、氯 7 种。

了解作物生长必需的营养元素，是研究植物营养液配方和根据植物需要进行合理水培的主要依据，也可以根据植物水培中的表现，进行植物缺素症状诊断，便于及时合理调节营养液中各种元素的种类及浓度。

## 植物缺素症状及其诊断表

A1 老叶病症

  B1 病症常遍布整株，基部叶片干焦和死亡

    C1 整株浅绿，基部叶片黄色，干燥时呈褐色，茎细而短 ………… 氮

    C2 整株深绿，常呈红或紫色，基部叶片黄色，干燥时暗绿，茎细而短 ………… 磷

  B2 病症常限于局部，基部叶片不干焦但杂色或缺绿，叶缘杯状卷起或卷皱

    C1 叶杂色或缺绿，有时呈红色，有坏死斑点，茎细 ………… 镁

    C2 叶杂色或缺绿，在叶脉间或叶尖和叶缘有坏死斑点，小，茎细 ………… 钾

    C3 坏死斑点大而普遍出现于叶脉间，最后出现于叶脉，叶厚，茎细 ………… 锌

A2 嫩芽病症

  B1 顶芽死亡，嫩叶变形或坏死

    C1 嫩叶初呈钩状，后从叶尖和叶缘向内死亡 ………… 钙

    C2 嫩叶基部浅绿，从叶基起枯死，叶捻曲 ………… 硼

  B2 顶芽仍活，但缺绿或萎蔫，无坏死斑点

    C1 嫩叶萎蔫，无失绿，茎尖弱 ………… 铜

    C2 嫩叶不萎蔫，有失绿

      D1 坏死斑点小，叶脉仍绿 ………… 锰

      D2 无坏死斑点

        E1 叶脉仍绿 ………… 铁

        E2 叶脉失绿 ………… 硫

## 技术实训　吊兰水培作品的创作与养护

### 一、实训目的

以吊兰为植物材料，通过对其水培作品创作与养护的综合技术实训，巩固水培花卉创作流程和养护方法，为以后独立开展水培花卉创作和管理工作奠定基础。

### 二、方法

1. 查阅吊兰相关资料，了解吊兰植物学特点和生长习性。

2. 水培作品创作

（1）选择生长健壮、株型好的成型吊兰。

（2）冲洗根部泥沙。

（3）剪除植株根系，保留根原基，修剪老叶、伤叶及病虫叶。

（4）将植株根基部浸入 0.1‰高锰酸钾溶液浸泡 10min，适当晾干备用。

（5）通过水培定植篮和陶粒将植株固定在水培容器中，使根基部略微接触液面，清水培养直至根系长出。

（6）转入霍格兰营养液中培养，直至植株健壮。

（7）吊兰婆娑青翠、根疏洁白，应选择透明玻璃容器以便欣赏植株根系；吊兰叶片修长，成株会长处细长走茎，容器外形以修长、高挑为佳，突出"瓶瘦以显其身姿、水淡以衬其格高"的艺术形象。

（8）吊兰楚楚动人，神形飘逸，给人无限的希望，花礼用途为爱情良缘、平安吉祥、亲情思念等。

3. 水培吊兰的养护

（1）放置位置　吊兰拥有"绿色净化器"之美誉，可放置于客厅、卧室、书房、餐厅、浴室等地，一个房间放置 1～2 盆水培吊兰，不仅能美化居室，提高空气湿度，还能吸收甲醛、一氧化碳、二氧化碳等有害气体。

（2）光照管理　春、秋季应避开强烈阳光直晒。夏季只能早晚见些斜射光照，白天需要遮去阳光的 50%～70%，否则会使叶尖干枯，尤其是花叶品种，更怕强阳光，金边吊兰在光线弱的地方会长得更加漂亮，黄色的金边更明显，叶片更亮泽。但冬季应使其多见些阳光，才能保持叶片柔嫩鲜绿。

（3）温度管理　适宜生长温度为 15～25℃，30℃以上停止生长，越冬温度为 5℃以上。

（4）换水　春、夏季每 7～10 天更换一次营养液，秋、冬季 15 天左右更换一次营养液，生长旺盛季节早晚向叶面喷水各一次。

（5）修剪　及时清理植株外围枯叶，结合换水修剪根系保持旺盛生长状态。

三、工具

吊兰 10～20 株，不同大小的水培定植篮 3～5 个，各种水培容器 3～5 个，剪刀 1 把。

四、要求

1. 能够根据吊兰植物学特点制作水培吊兰作品一个。

2. 能够根据吊兰生长特性对吊兰进行合理放置，并开展光照、温度、换水及修剪等管理，保持植株生长良好。

## 五、范例

图 4-9　水培吊兰

## 六、评价

表 4-1　水培吊兰创作与养护综合实训成绩评价表

| 评价内容 | | | 评价等级 | | |
| --- | --- | --- | --- | --- | --- |
| | | | 良 | 中 | 差 |
| 1. 水培作品 | (1) 植物材料选择选择 | ①大小一致性 | | | |
| | | ②长势 | | | |
| | | ③叶片颜色 | | | |
| | (2) 水生根系 | ①根系多少 | | | |
| | | ②根系长势 | | | |
| | (3) 器皿 | ①形状 | | | |
| | | ②大小 | | | |
| 2. 作品养护 | (1) 作品摆放位置是否合理 | | | | |
| | (2) 营养液水质状况 | | | | |
| | (3) 植株长势 | | | | |
| | (4) 根系生长状况 | | | | |
| | (5) 病害 | | | | |
| | (6) 虫害 | | | | |

# 模块五　场景花卉装饰

## 任务一　装饰公共场所

【案例】

图 5-1　美国迪儿公司总部室内花园

观察 1：图 5-1 中用了哪几种类型的花卉？

观察 2：图 5-1 中的花卉装饰有哪些形式？

案例：美国萨撒基设计师协会设计的位于美国伊利诺伊州莫林市美国迪尔公司总部，其室内园林绿化为其产品质量定下了基调。这个室内园林绿化规模虽大，其植物却养护得无懈可击。其设计本身简洁、优雅，植物生机勃勃，室内花园种植了地被与树木等，植物构成了良好的视觉空间。盆栽的条纹朱蕉、波叶银后亮丝草、常春藤、垂叶榕等花卉形成了热带植物与温带气候相融合的外观。在室内花园中央，由开花植物和铺砌方砖的小路围起了一个圆形的花坛，运用垂叶榕与之上下呼应，大叶的八角金盘与其形成对比，将位于花园最深处的凹穴处设为就餐的场所。中心池塘为小溪提供了不断的水流，通过小桥连接一个小岛，为公司办公提供了良好的室内绿色空间。

## 【知识点】

**1. 花卉装饰**　花卉装饰是根据环境条件和人们的需求，按科学、艺术的要求，以花卉为材料进行合理巧妙地布置，为人们创造一个高雅美丽和谐的空间。

花卉装饰应用范围很广，如家庭、宾馆酒店、商业空间、竞技场、单位、医院和学校等场所，均可进行花卉装饰。

花卉装饰包括室外装饰和室内装饰，本模块所涉及的主要是室内装饰。

**2. 场景花卉装饰**　场景花卉装饰就是应用美学原理，将植物材料经过人为的艺术加工，装点在人们生活、工作、娱乐的各种环境中，提高人们的生活质量。

**3. 公共场所花卉装饰**　公共场所是指提供公众进行工作、学习、经济、文化、社交、娱乐、体育、参观、医疗、卫生、休息、旅游和满足部分生活需求所使用的一切公用建筑物、场所及其设施的总称。

公共场所花卉装饰是指在公共场所配置适量的花卉，或供人欣赏、评品，或为了适当遮掩而美化环境，或烘托氛围，或起标志、分散视线和注意力的作用。包括大堂花卉装饰、门厅花卉装饰、商场花卉装饰、休息区花卉装饰等。

大的公共场所宾馆、饭店、办公、营业等场所的大厅等，可以较大面积地营造室内园林。在这些空间环境中，最好有阳光射进，才可以栽植一些需要阳光的植物；没有阳光照进的话，只适合栽植那些不需要阳光直射的植物。

## 【任务实践】

### 实践一　参观考察一个公共场所花卉装饰

**1. 使用工具**　相机、速写本、钢笔等。

**2. 操作步骤**

（1）识别并记录这个公共场所有的花卉种类，查阅相关资料后填写表 5 - 1：

表 5 - 1

| 序号 | 种名 | 科属 | 观赏特性 | 最佳观赏期 | 生态习性 |
|------|------|------|----------|------------|----------|
|      |      |      |          |            |          |
|      |      |      |          |            |          |

（2）观察并记录这个公共场所花卉装饰的各种形式，手绘或拍下照片。

（3）观察这个公共场所的环境特点。

**3. 检查**

（1）花卉种类是否完全记录，若有不认识的可拍下照片，查阅资料。

（2）各种栽培形式是否都有代表性的照片或手绘图。

### 实践二　栽植组合盆栽

**1. 材料用具**

（1）材料　优良的盆栽基质：如泥炭土、河沙、苔藓等；不同形态的花卉；不同规格的花盆、托盘或套盆；便于攀援植物生长的棕桩及捆扎植物用的尼龙线或金属丝等。

（2）用具　修枝剪、剪刀、小铲、钳子、浇水壶等。

**2. 操作步骤**

（1）选择适宜的花盆、托盘或套盆。

（2）选择 3 种以上适宜的室内花卉，进行适宜的艺术整形，并利用花艺设计的理念设计造型。

（3）选择适宜的盆栽基质。

（4）将室内花卉按设计的造型栽入花盆中，进行组合盆栽。

（5）进行栽后养护和修饰。

**3. 检查**

（1）所选花卉是否适宜作室内栽培，彼此间是否能够很好地搭配。

（2）设计的造型布局是否合理。

（3）栽培步骤和方法是否正确，栽后养护是否适宜。

### 实践三　装饰一个公共场所的门厅

**1. 材料用具**

（1）材料　不同形态的花卉，不同规格的花盆、托盘或套盆，适合的栽培基质等。

（2）用具　卷尺、A2 图纸、丁字尺、笔、三角板、相机、浇水壶、修枝剪、小铲等。

**2. 操作步骤**

（1）测量门厅的相关尺寸。

（2）根据门厅花卉装饰预留空间的大小，按比例把原址画出。

（3）与业主沟通并对门厅进行踏察。

（4）选择适合的花卉，构思方案、修改方案并确定设计方案。

（5）绘图平面图、立面或剖面图、效果图或鸟瞰图。

（6）上墨线，色彩渲染，根据效果调整方案。

（7）按照设计方案进行门厅花卉装饰并拍照。

（8）制定养护管理计划。

**3. 检查**

（1）图纸绘制是否符合制图标准：比例正确，布局合理、图面整洁。

（2）门厅花卉装饰布局是否合理：有空间层次，花卉色彩与门厅环境既要有对比，又要和谐统一。

## 【关键问题】

**1. 调查分析基址**

（1）分析场地特点　分析场地包括对门厅的特征及存在问题的分析评估。包括以下步骤：

①测量场地尺寸，确定边界。

②确定门厅花卉装饰的位置。

③测量并记录门厅的特征，定位所有门窗，记录建筑侧立面、装饰等的变化。

④测量绘制立面图所需的尺寸。

⑤从不同角度和距离观测场地，以备屏障投向场地的外来视线。记录需要屏蔽的噪音、灰尘及其他可能的干扰。

（2）分析人群需求

①分析人群的视线，确定花卉装饰的主观赏面。

②分析人群的走向，确保门厅人流集散的作用。

**2. 构思**

（1）根据门厅的大小、开敞的多少，确定花卉装饰的布局形式。

（2）根据门厅的风格，墙面环境，选择适宜的花卉。

## 【思考与讨论】

1. 公共场所花卉装饰的作用有哪些？

2. 公共场所花卉装饰中常用的形式有哪些？

3. 怎样才能使花卉装饰植物达到艺术栽培的效果？

## 【知识拓展】

**1. 室内园林**　在一个较小的范围内，通过规划设计，以种植色彩丰富的观赏植物为主，从而适合多数人游赏的艺术空间。在建筑空间内辟出一定面积，运用园林设计手法进行布局、建造成的小型花园，即为室内花园，也就是室内园林。一般常见的室内园林可以划分为以下几类：

(1) 按建筑的性质及使用的目的分

①豪华私人室内花园 在豪华的私人住宅中，以植物素材为主建立的室内花园，多半提供一个家庭的成员们利用和欣赏。其设计风格多以主人的喜好及创造舒适、适宜的环境为目的。人们越来越关注环境与生态，由此也掀起了园艺时尚。

②商型室内花园 指大型商场内供顾客停留、休息、观赏而布置成的花园。富有创意的院内布景使得建筑物内别有洞天，而令平素看惯了周围环境的顾客流连忘返。以植物为主体的设计既适应了花样不断翻新的商品，又可以引导人流，招揽回头客。

③公司企业、机关团体的室内园林 指按企业、机关团体的性质及工作人员多少在室内设立的花园。其中公司大楼在室内绿化设计主题上，具有更宽的选择面。它可以将公司的经营理念融于设计、装潢、艺术品及花卉中，不同植物巧妙的组合与展示，使得公司大楼室内绿化特色自成一体。公司总部大楼一般不会受到一些条件的限制，因此所选树种品种多样，植物与人的接触更直接。由于人流少，相对容易管理，对植物造成的意外伤害或肆意破坏现象大为减少，这样更利于室内绿化，从而有利于为员工提供一个更加自然和谐的工作环境。不同凡响的树种，极尽夸张之能事的植物展示，各尽所能的养护措施，这些都使得公司大楼室内绿化脱颖而出，自成一派。

④宾馆室内花园 指在宾馆内为流动性较大的来往旅客而设立的室内花园。这类花园一般以装饰性强的外貌吸引游客，为其提供短暂的休息与聚会的绿色空间。通常面积较大、景观较全，在温暖地区还可采用室内、外相结合的多种设计形式。园内常设有山石小品、水景小桥等景点，还设置座椅及游步道，人们既可信步赏景，又能坐息交谈。依景观要求，在植物配置上可选择灌木、藤本及观花植物。

⑤以展示植物为主的观赏温室花园 这类花园多为植物园、动物园中以展示花卉为主题而建设的花卉展览花园。如北京植物园展览温室、昆明世博园、大连动物园展览温室等，这些展览温室大都运用园林设计的手法与植物的生长性结合，将仙人类及多浆的沙生植物、喜高湿冷凉的高山植物、热带雨林花卉、温带花卉等分别栽于不同的环境空间。结合假山、小桥、流水等构成各具特色的室内游赏空间，同时又是植物知识科普教育及学习者实习的重要基地。

(2) 按设计风格分 室内花园依设计风格又分为规则式、自然式和混合式花园。规则式室内花园，花园中通常以对称式的布局。自然式花园这类花园自然而不拘形式，自然式花园景物不对称，但有平衡感，花卉种植不排成直线，道路呈曲线等。混合式花园是规整式与自然式相结合的花园。

（3）按国家和民族的传统特点分　依国家和民族的传统特点有可以分为室内的英国式花园、法国式花园、意大利式花园、日本式花园、中国式花园。

**2. 室内花卉装饰的形式**

（1）摆放式花卉装饰　这是最常见的一种花卉装饰手法，一般有点式、线式和片式三种。其中以点式最为常见，即将盆栽植物置于桌面、茶几、柜角、窗台、及墙角，或在室内高空悬挂，构成绿色视点。线式和片式是将一组盆栽植物摆放成一条线或组织成自由式、规则式的片状图形，起到组织室内空间，区分室内不同用途场所的作用，几盆或几十盆组成的片状摆放，可形成一个花坛，产生群体效应，同时可突出中心植物主题。摆放式花卉装饰考虑使用的器具是否符合装饰要求，器具的表面装饰要视室内环境的色彩和质感及装饰情调而定。

（2）栽植式花卉装饰　这种装饰方法多用于室内花园及室内大厅堂等有充分空间的场所。栽植时，多采用自然式，即平面聚散相依、疏密有致，并使乔灌木及草本植物和地被植物组成和谐的层次结构，并要注重姿态、色彩的协调搭配，宜利用室内观叶植物的色彩来丰富景观画面。

（3）镶嵌式花卉装饰　在墙壁及柱面适宜的位置，镶嵌上特制的半圆形盆、瓶、篮、斗等造型别致的容器，栽上一些别具特色的花卉植物，以达到装饰的目的。或在墙上设计制作不同形状的洞柜，摆放或栽植下垂或横生的耐阴植物，利用纵向的空间配置装饰植物，形成具有壁画般生动活泼的效果。

（4）悬垂式花卉装饰　利用金属、塑料、竹木或藤制的吊盆、吊篮，栽入具有悬垂性能的花卉植物（如吊兰、天门冬、常春藤等），悬吊于窗前、天花板或依墙依柱而挂，枝叶婆娑，线条优美多变，既点缀了空间，又增加了气氛。可改善室内人工建筑的生硬线条所造成的枯燥单调感，营造生动活泼的空间立体美感，且"占天不占地"，可充分利用空间。

（5）攀附式花卉装饰　大厅和餐厅等室内某些区域需要分割时，采用攀附植物隔离，或带有某种条形或图案花纹的栅栏再附以攀附植物隔离。需分割的区域与攀附材料在形状、色彩等方面要协调以使室内空间分割合理、美观实用。

（6）瓶栽式花卉装饰　在各种大小、形状不同的玻璃瓶、透明塑料容器、金鱼缸、水族箱内种植各种矮小的植物。容器除瓶口及顶部作为通气孔外，大部分是封闭的。若制作得当，可摆入数年，是一种文雅的装饰物。

水培花卉是通过营养液来栽培的花卉植物，无需土壤或基质，营养液能够充分、及时地提供均衡的营养给植物，使植物健康生长。将原先适应陆生环境生长的花卉通过短期科学驯化、改良、培育，使其快速适应水生环境生长。再配以款式多样、晶莹剔透的玻璃花瓶为容器载体，使人们不仅可以欣赏以往花的地面部分的正常生长，还可以通过瓶体看到植物世界独具观赏价值的根系生长过程。水培花卉典雅别致、清洁卫生、养护简便、动静结合、生机盎然。福乐儿水培花卉格调高雅，特别适合在商场、宾馆、酒店、餐厅等室内场所摆设，既可美化环境、净化空气，让人赏心悦目、神怡气爽，又能满足人们观察植物生长的好奇心，是现代都市室内绿化的最佳选择。

（7）组合式花卉装饰　组合式花卉装饰，是指灵活地把以上各种布置手法混用于室内装饰，利用花卉植物的高低大小、色彩及形态的不同，指导它们组合在一起，随意构图，形成一个优美的图画，但应遵循高矮有序、互不遮挡的原则。高大植物居后或居中，矮生及丛生植株摆入在前面或四周，以达到层次分明的效果。

# 任务二　装饰办公场所

## 【观察】

图 5-2　办公场所　　　　图 5-3　办公场所花卉装饰

观察 1. 图 5-2 和图 5-3 中办公场所的环境有哪些特点？

观察 2. 图 5-3 中办公场所花卉装饰的形式有哪些？

## 【知识点】

**1. 办公场所花卉装饰**　办公场所花卉装饰，不仅可以绿化美化环境，调节氛围，缓解人的紧张情绪，提高工作效率，更重要的，还可以提升企业形象，建立客户及合作伙伴的信任度，并能起到净化空气的作用。绿色植物现在已经是家居中必不可少的一种装饰品，有了它，绿色充满整个空间，工作人员会有一种生机勃勃，春意盎然的感觉。在这样的惬意环境中生活与工作你会信心倍增。

（1）行政事业单位办公场所　行政事业单位办公场所空间相对而人员较少，可以在角落，其他适宜位置摆放大盆植物如绿萝、龟背竹等，也可在桌面、窗台摆放一些中小盆花卉，办公室一般配备有电脑等办公设备，电脑旁摆仙人类花卉如金琥，还可以防辐射。

（2）员工办公场所　员工办公区是一个公司里面人员最密集的区域，空气会比较污浊，而且电脑都会比较多，产生的辐射也会比较大。可以考虑在办公区域的前后位置和走廊过道位置摆放大盆植物如绿萝、绿宝石、散尾葵等。另外在员工办公桌面和办公屏风的上面位置摆放小盆植物，让员工在工作的间隙可以感觉到一种绿意盎然的舒适。

（3）财务、行政办公场所　财务、行政办公室作为企业的职能独立办公室需要处理的公务都比较多。可以选择在办公室的角落位置摆放一个大型植物，如财务办公室可以摆放一棵五瓣发财树，寓意招财进宝，而行政办公室可以选择巴西木、绿萝这类看起来比较清爽的植物。在办公室的台面可以摆放一盆小盆栽，如兰花、玛丽安等。另外在办公室内的文件柜上可以选择摆放一盆垂吊植物，植物的藤蔓垂落下来，比较暇意。

（4）经理办公场所　经理办公场所通常都会比较宽绰些。而且作为企业的领导，摆放的植物要求比较高档些。可以选择在经理办公室的办公角落（通常选择在办公台的后侧）摆放一棵直杆发财树，会显得比较大气。然后在会客的沙发之间角落位置摆放一棵金钱树，或者是在沙发间的茶几上摆放一棵红掌或粉掌类的时令开花植物。

**2. 室内环境**

（1）光照　室内限制花卉生长的主要生态因子是光，如果光照强度达不到光补偿点以上，将导致植物生长衰弱，甚至死亡。

室内光照低，花卉突然由高光照移入低光照下生长，常因适应不了，导致死亡。因而最好在移入室内之前，先行一段时间"光适应"。置于比原来生长条件光照略低，但高于将来室内的生长环境。这段时间中，植物由于光照低，受到生理压力会引起光合速率降低，利用体内贮存物质。同时，努力增加叶绿素含量，调整叶绿体的排列，降低呼吸速率等变化来提高对低光照的利用率。适应顺利者，叶绿素增加了，叶绿体基本进行重新排列。可能掉了不少老叶，而产生了一些新叶，植株存活了下来。

花卉对低光照条件的适应程度与时间长短及本身体量、年龄有关，也受到施肥、温度等外部因素的影响。通常需6周至6个月，甚至更长时间。大型的垂叶榕，至少要3个月，而小型的盆栽植物则所需的时间短得多。

有些花卉虽然对光量需求不大，但由于生长环境光线太低，生长不良，需要适时将它们重新放回到高光照下去复壮。由于植株在低光照下产生的叶已适应了低光照的环境，若突然光照过强，叶片会灼伤，变褐，而发生严重的伤害。因此，最好将它们移入比原先生长环境高不到 5～10 倍的光强下适应生长。

（2）温度　用作室内装饰的花卉大多原产在热带和亚热带，故其有效的生长温度以 18～24℃ 为好，夜晚也以高于 10℃ 为好。最怕温度骤变，白天温度过高会导致过度失水，造成萎蔫；夜晚温度过低也会导致植物受损。故常设置恒温器，在夜间温度下降时增添能量。窗户的启闭可控制空气的流通并调节室内温度。

（3）湿度　室内空气相对湿度过低不利植物生长，过高人们会感到不舒服，一般控制在 40%～60% 对两者均有利。室内造景时，设置水池、叠水、瀑布、喷泉等均有助于提高空气湿度。如无这些设备时，增加喷雾，湿润植物周围地面及套盆栽植也有助于提高空气湿度。

（4）气体　室内空气流通差及室内空气污染，常导致植物生长不良，甚至发生叶枯、叶腐、病虫滋生等，故要通过窗户的开启来进行调节。此外，设置空调系统及冷、热风口予以调节。

**3. 花卉装饰布置**

（1）以耐阴性较强的观叶植物为主　由于室内光照一般较室外差，耐阴观叶植物在室内生长较好，摆放的时间长一些。夏季晚上最好把盆花放于室外。就可使植株生长繁茂、四季常绿了。

（2）盆花生长的姿态和放置地方要适当　如直立生长的或者植株较高的，则宜放在低处。对一些枝叶悬垂的或扩展性的盆花，则应放置在较高的地方，这样就会产生立体美的感觉。

（3）要考虑植物大小与办公场所的空间大小相协调　办公场所小的宜摆放小型盆栽花卉，显得精巧玲珑，雅而不俗。办公场所大一点的可适当放一些大型盆栽花卉，如橡皮树、龟背竹、苏铁等，使人感到美观大方。

（4）盆花的的颜色要和室内墙面和家具的颜色相协调　如果墙面或办公桌椅的颜色是深色的，则宜放置淡色的盆花，配以浅色的盆花及花盆。另外可在泥盆外套上合适的紫砂盆或花篮、竹编盆。

（5）盆花从室外移入室内前要注意盆土有无害虫　如有在室外用香甜诱饵引虫出盆加以消灭。

## 【任务实践】

### 实践一　参观考察一个办公场所花卉装饰

**1. 使用工具**　相机、速写本、钢笔等。

**2. 操作步骤**

（1）识别和记录这个办公场所的花卉种类，手绘或拍照记录花卉装饰形式。

（2）观察并记录这个办公场所花卉的生长状况。

（3）观测这个办公场所的各项环境因子。

**3. 检查**

（1）记录的花卉种类即栽培形式是否完全。

（2）花卉的生长状况记录是否表述准确、条理清楚。

**实践二　测定办公场所的环境因子**

**1. 使用工具**　光照度仪、干湿球温度计、便携式二氧化碳测定仪、笔、纸等。

**2. 操作步骤**

（1）测定室外全光照环境下的光照强度、温度、空气相对湿度和二氧化碳含量，记录数据。

（2）观察办公场所的布局，测量场所的跨度和长度。

（3）在办公场所内布置测点

①水平测点：距离地面 1m 左右（根据室内花卉高度确定），布置 9 个测点。

北

| | | |
|---|---|---|
| *1 | *2 | *3 |
| *4 | *5 | *6 |
| *7 | *8 | *9 |

水平测点

②垂直测点：根据室内花卉高度确定三个高度（建议为 0.5、1、1.3m），布置 9 个测点。

天花板

| | | |
|---|---|---|
| *A | *B | *C |
| *4 | *5 | *6 |
| *D | *E | *F |

垂直测点

（4）测定各点的光照强度、温度、空气相对湿度和二氧化碳含量（如果空间较小温度、空气相对湿度和二氧化碳含量只需测测点"5"处即可），记录数据。

（5）分别选一个晴天和一个阴天，对室外及室内各测点每隔 2h 测定一次。

（6）记录并整理数据，绘制成折线图。

（7）分析室内环境因子的特点。

**3. 检查**

（1）测量方法是否正确。

（2）记录数据是否准确、清晰、整洁。

（3）总结分析办公场所的各项环境因子。

实践三　装饰一个办公场所

**1. 材料用具**

（1）材料　不同形态的盆栽花卉，不同规格的托盘或套盆等。

（2）用具　卷尺、A2 图纸、丁字尺、笔、三角板、相机、浇水壶、修枝剪等。

**2. 操作步骤**

（1）测量办公场所的相关尺寸。

（2）测量办公场所花卉装饰预留空间的大小及相关尺寸。

（3）观测办公场所花卉装饰预留空间的各项环境因子。

（4）选择适合的花卉及适宜的栽培形式。

（5）构思方案、修改方案并确定花卉装饰设计方案。

（6）绘出平、立面图，根据效果调整方案。

（7）按照设计方案进行办公场所花卉装饰并拍照。

（8）制定养护管理计划。

**3. 检查**

（1）所选择的花卉是否适合这个办公场所的环境。

（2）所采用的栽培形式是否能产生较好的装饰效果。

（3）花卉养护管理计划是否切实可行。

## 【关键问题】

**1. 选择适合的花卉**　在选择室内花卉时，首先要考虑其形状及适合的摆放形式，直立形的可落地摆放，匍匐形的，可作为悬吊式布置，形体较小，则可用作案头或几架摆设。其次，很多室内花卉，如组合一起摆放能更充分的发挥出各自的优势，达到意外的效果。做法上一般将高而直立的植物放在后面，灌木状的置于中间，悬吊状的挂在前面，使其有层次感，做到错落有致。再有，色彩鲜艳的植物和形状独特的观赏植物，则宜单独放置，突出其特点和优势。另外，要选择适合室内环境因子（光照、温度、湿度和气体）的花卉。

**2. 花卉装饰要注意美学、实用和经济相结合**

①美学：美，是室内花卉装饰的重要原则。如果没有美感就根本谈不上装饰。因此，必须依照美学的原理，通过艺术设计，明确主题，合理布局，分清层次，协调形状和色彩，注意花、花盆、环境的统一，才能收到清新明朗的艺术效果，使花卉布置很自然地与装饰艺术联系在一起。

②实用：室内花卉装饰必须符合功能的要求，要实用，这是室内花卉装饰的另一重要原则。所以，要根据花卉布置场所的性质和功能要求，从实际出发，做到绿化装饰美学效果与实用效果的高度统一。

③经济：花卉装饰的方式经济可行，而且能保持长久。设计布置时要根据室内结构、建筑装修和室内配套器物的水平，选配合于经济水平的档次和格调，使室内"软装修"与"硬装修"相谐调。同时要根据室内环境特点及用途选择相应的室内花卉及装饰器物，使装饰效果能保持较长时间。

**3. 要兼顾花卉净化环境与美化环境的作用**

①净化环境：花卉经过光合作用可以吸收二氧化碳，释放氧气，而人在呼吸过程中，吸入氧气，呼出二氧化碳，从而使大气中氧和二氧化碳达到平衡，有些植物，可吸收有害气体，有些植物的分泌物具有杀灭细菌作用，从而能净化空气，减少空气中的含菌量，同时植物又能吸附大气中的尘埃从而使环境得以净化。

②美化环境：在室内采用适宜的方式栽植绿色植物，不论其形、色、质、味，或其枝干、花叶、果实，所显示出蓬勃向上、充满生机的力量，均能引人奋发向上，热爱自然，热爱生活。

## 【思考与讨论】

1. 办公场所花卉装饰的作用有哪些？
2. 办公场所花卉装饰中常选用的花卉有哪些，为什么？
3. 办公场所花卉装饰植物生长的限制因子有哪些？

## 【知识拓展】

### 室内空气污染的成分

（1）一氧化碳 一种毒性较高的室内污染物，室内燃料燃烧都会产生一氧化碳。它可以与血红蛋白结合，并阻止氧与血红蛋白的结合，降低血液运载氧气的能力，引起组织严重缺氧，导致死亡。

（2）二氧化硫 对眼睛和呼吸道黏膜都有刺激作用，长期刺激会引起呼吸道疾病，加重心血管疾病，甚至死亡。

（3）甲醛 室内空气污染的重要"罪犯"，主要存在于室内装饰用的胶合板、中密度纤维板、刨花板等人造板材中。长期在较低浓度的"甲醛空气"当中生活可引发呼吸系统疾病，造成女性内分泌紊乱，引起胎儿畸形和婴幼儿体质虚弱等不良后果。

（4）氨气 一种无色强刺激气体，多存在于家具涂饰所用的添加剂以及防冻剂中。氨气可麻痹呼吸道纤毛，损害黏膜上皮组织，并破坏血液的运氧能力。

（5）甲苯 室内装修多用甲苯代替纯苯做各种胶、油漆、涂料和防水材料的溶剂或稀释剂。长时间接触一定量的甲苯会引起头疼、失眠、精神萎靡、记忆力衰退等神经衰弱样症候群。苯化合物已被世界卫生组织确定为强烈致癌物质。

（6）氡 主要从房基土壤、建筑材料当中产生，如花岗岩、砖沙、水泥、石膏等。常温下氡及子体在空气中能形成放射性气溶胶而污染空气。据科学研究表明，氡对人体的辐射伤害占人体一生所受到全部辐射伤害的55%以上，世界卫生组织把它列入致癌物质之一。

（7）挥发性有机化合物 主要存在于有机溶液和建筑材料中，高含量的挥发性有机化合物对人体的危害，包括黏膜发炎、中枢神经系统的改变，引起头疼、疲倦以及怕冷怕热、哮喘和支气管炎等。

（8）臭氧 一种有刺激气味、略带淡蓝色的气体，办公室内的复印机会逸出臭氧。在微小含量的暴露下会使人出现皮肤刺痒、眼睛刺痛、呼吸不畅、咳嗽和头疼等情况，长时间暴露则会导致短暂性肺功能异常。

（9）铅 室外的汽车尾气、空气污染都可能导致铅进入居室内。铅中毒主要损害造血、神经系统和肾脏。慢性铅中毒可引起明显的中毒性肾病，还会引起女性月经异常，新生儿低体重，婴儿发育迟缓和智力低下，男性精子数目减少、畸形和活动能力减弱等。

（10）室内微粒粉尘 这些粉尘一方面出自衣服、被子、地毯的纤维和棉絮，另一方面来源于大气粉尘。这些微尘会深入肺部，从而引起呼吸器官的疾病，严重损害人体健康。在适度的温度和湿度下，室内粉尘会成为螨虫的温床，增加患上过敏性疾病的概率。

# 任务三 装饰会场

## 【观察】

观察1. 图5-4中应用了哪几种花卉？

观察2. 图5-4中的花卉装饰有哪几部分组成，每部分各有何特点？

图 5-4　会场花卉装饰

## 【知识点】

**会场花卉装饰**：会议场所布置分许多种，如庆典、表彰、中秋、年会、迎宾等，不同的场合对于会场花卉装饰的要求也不一样，一般多采用鲜花和绿植的合理搭配，良好的会场装饰会让整个会议拥有非常好的气氛，可以使人们踏入会场的一瞬间就融入到会议的主题中。

## 【任务实践】

### 实践一　参观考察一个会场花卉装饰

**1. 使用工具**　相机、速写本、钢笔等。

**2. 操作步骤**

（1）识别并记录这个会场所选用的花卉种类和用量。

（2）观察这个会场中花卉装饰的各种形式，用手绘或拍照的形式进行记录。

（3）讨论这个会场花卉装饰的优缺点。

**3. 检查**

（1）记载的花卉种类及装饰形式是否完整，写实。

（2）讨论这个会场花卉装饰的优缺点时，是否结合会场要求和装饰效果，做到有理有据。

### 实践二　装饰宴会餐桌

**1. 材料用具**

（1）材料　鲜花、花泥、花器和衬饰。

（2）用具　相机、卷尺、笔、纸、修枝剪、刀和喷壶等。

**2. 操作步骤**

（1）了解宴会的规格和形式。

（2）测量餐桌尺度，根据比例确定花艺作品的尺寸。

（3）结合宴会风格、餐桌形状、台布和围裙的颜色，设计花艺作品。

（4）绘制出花艺作品设计的平面和立面简图。

（5）按照设计图进行花艺作品的插制。

（6）用蕨叶、天门冬叶作图案构边，用月季、石斛兰等花朵作点饰，拍照。

**3. 检查**

（1）花艺作品是否符合餐桌用花的要求。

（2）绘制的平面和立面简图是否符合绘图标准。

（3）花艺作品是否达到预期效果，显得比例恰当、构图合理色彩谐调。

实践三　装饰一个小型会场

**1. 材料用具**

（1）材料　不同形态的盆栽花卉，不同规格的托盘或套盆。

（2）用具　卷尺、纸、笔、三角板、相机、浇壶和修枝剪等。

**2. 操作步骤**

（1）了解会场的规格和形式及会议主题，对会场进行踏察。

（2）根据会场花卉装饰预留空间的大小，按比例把原址画出。

（3）选择适合的花卉，构思方案、修改方案并确定花卉装饰设计方案。

（4）绘出平、立面简图，根据表现效果，调整方案。

（5）根据所用的花卉种类及用量，作出会场花卉装饰经费预算。

（6）按照设计方案进行会场花卉装饰并拍照。

**3. 检查**

（1）图纸绘制是否符合制图标准，比例正确，与实际效果是否存在差距。

（2）比较会场花卉装饰经费预算与实际费用之间的差价，找出原因。

（3）会场花卉装饰效果是否符合要求。

## 【关键问题】

**注意不同会场花卉装饰的规格**

（1）大型会场　大型会场的花卉装饰包括主席台后、主席台、主席台前、发言席、会场周边、会场两边的窗台等内容。

一般采用一些高大植物摆在主席台的背后作为背景，例如棕竹、散尾葵、南洋杉等，然后用些小盆植物或花卉放在主席台的前作为呼应，可以摆放2～4层（依会场的大小而定）花卉，最里面的要以绿色或花叶为主的植物摆放，且高度在这 2～3 层中最高，但也不能高于主席台的高度，一般以相等为宜。第二层可以选择开花的花卉植物，如红掌、彩色马蹄莲、凤梨等，高度比第一层要稍矮，最外面的一层可以选择开花的或是常绿的相对较矮的即可，作为外面围边用的一定要丰满，如果空间较大，还可以结合会议主题设计花卉拼图，烘托主题，增加气氛。在主席台和发言席摆放插花作品，鲜花的布置在会场花卉装饰中起到画龙点睛的作用，这样布置后既大方又漂亮，适宜大型的会议。另外在会场周边合理的摆放大型盆栽植物，常用的植物有马拉巴栗、巴西木、绿箩等。如果在会场入口插制一盆较大的迎宾花篮，效果更好。

（2）中型会场　将会议桌排列成长方形，中间留出空地，空地上用盆花排列成图案或自然式，也可以用大堆头式的西方花艺布置，这种布置方式不但充实空间，缩短了人与人之间的距离，还可活跃气氛，使人宛若置身于生机勃勃的自然之中。

（3）小型会场的花卉布置　小型会场的花卉布置多以中央的条桌为主体进行，桌上可摆设小型观花或观叶植物如一品红、瓜叶菊、海棠、菊花、花叶芋等，但数量不能过多，种类不能过繁，大抵两张方桌的距离设一盆，全台种类不超过两种为宜。过密会使相对而坐的人产生隔离、谈话不便。四角可摆放悬崖菊、龟背竹、南天竹等。小型会场的盆花由于可近赏，因此最好在泥瓦盆外套一个大小适宜的宜兴盆或瓷盆，桌上如用插花作品，则其色彩应于桌面或台布的色彩统一。在摆放时还要注意到花卉本身的生物学特性，喜阳花卉应放在室内能接受阳光直射处，耐阴或喜阴花卉则应安排在室内隐蔽的地方。喜温怕寒的花卉，不应放在会议室通往室外的门旁，而应放在室内较暖和的位置，要注意避开室内空调风口，以免受低温危害，枝叶萎缩，而影响观赏效果。有的花卉如扶桑在强光下开放，蕾期进入无阳光直射的室内花冠不展，因此应在室外开放后，临近开会前搬入事先保留的位置上。

（4）宴会场所花卉装饰　宴会环境布置中，花卉装饰是搞好宴会服务的重要组成部分，对服务质量、服务效果有着直接影响。环境布置是整个宴会布置的框架，花卉装饰衬托着整个宴会的气氛，总的要求是协调、大方。宴会厅周围摆放花架、盆栽和盆景，形成雅致、优美的气氛。墙上根据宴会厅面积，挂上大小适度的国画、壁面或其他艺术制品，显得典雅气派。宴会的餐桌摆放适宜的花艺作品。小型宴会，主要是餐桌上的花艺，与宴会气氛互相映衬。如果餐厅比较空旷可点缀一些盆景、花篮和一些艺术雕刻造型等。例如，糖花篮、宝塔、萝卜雕刻都可以达到点缀环境、烘托宴会气氛的作用。

（5）会展花卉装饰　会展就是展览、展示，会展包括电器、工艺品、家具、科技食品等展览，这些展览会上花卉展示起到烘托气氛的作用，而花卉展览是自身的展示，有名花展、插花艺术展和花卉博览会等，花展时间短可以盆栽布置，展出时间长以地栽为主。

## 【思考与讨论】

1. 会场花卉装饰的形式有哪些？
2. 会场花卉装饰中常选用的花卉有哪些，为什么？
3. 进行会场花卉装饰时要注意哪些事项？

## 【知识拓展】

**1. 适合室内摆放的植物** 选择布置室内观赏植物是很有讲究的，选择得当，布置得体，则可达到既经济又美观的效果。室内最适宜选择四季常青的花木或能吸收有毒气体的品种：

（1）净化空气的植物 吊兰、黛粉叶等，对装修后室内残存的甲醛、氯、苯类化合物具较强吸收能力；芦荟、菊花等可以减少居室内苯的污染；雏菊、万年青等可以有效消除三氟乙烯的污染；月季、蔷薇等可吸收硫化氢、苯、苯酚、乙醚等有害气体。在室内养虎尾兰、龟背竹、一叶兰等叶片硕大的观叶花草植物，能吸收 80% 以上的多种有害气体，净化空气。芦荟、景天等，晚上不但能吸收二氧化碳，放出氧气，还能使室内空气中的负离子浓度增加。

（2）芳香植物 植物的芳香物质含抗菌成分，可以清除空气中的细菌和病毒，具有保健功能，如仙人掌、文竹、常青藤、秋海棠气味有杀菌抑菌之力。同时，植物的芳香还可以调节人的神经系统，如丁香、茉莉可使人放松，有利于睡眠；玫瑰、紫罗兰可使人精神愉快，有发奋工作的欲望；夜来香、锦紫苏、驱蚊草等气味有驱蚊除蝇作用。但香味不能太浓，否则会引起副作用，如丁香久闻会引起烦闷气喘，影响记忆力；夜来香夜间排出废气使高血压、心脏病患者感到郁闷；郁金香含毒碱，连续接触两个小时以上会头昏；含羞草有含羞草碱，经常接触引起毛发脱落。

（3）可以监测空气的花草 虞美人、美人蕉、萱草、杜鹃、牡丹、牵牛花、秋海棠和梅花等。像虞美人对有毒气体硫化氢反应极其敏感，如果被这类毒气体侵袭，叶子便会发焦或有斑点，可以作为理想的监测植物；而美人蕉叶子失绿变白、花果脱落时，特别要当心氯气污染；当空气中存在氟污染时，萱草的叶子尖端会变成褐红色，可利用它对环境氟污染进行监测；桃花还是监测硫化物、氯气排放的良好指示植物；而梅花还有监测甲醛的作用。

**2. 室内花卉装饰的艺术美** 为体现室内花卉装饰的艺术美，必须通过一定的形式和手法，使其体现构图合理、色彩协调、形式和谐。

（1）构图合理 构图是将不同形状、色泽的物体按照美学的观念组成一个和谐的景观。花卉装饰要求构图合理（即构图美）。构图是装饰工作的关键问题，在装饰布置时必须注意两个方面：其一是布置均衡，以保持稳定感和安定感；其二是比例合度，体现真实感和舒适感。布置均衡包括对称均衡和不对称均衡两种形成。人们在室内花卉装饰时习惯于对称的均衡，如在走道两边、会场两侧等摆上同样品种和同一规格的花卉，显得规则整齐、庄重严肃。与对称均衡相反的是，室内绿化自然式装饰的不对称均衡。如在会客室沙发的一侧摆上一盆较大的植物，另一侧摆上一盆较矮的植物，同时在其近邻花架上摆上一悬垂花卉。这种布置虽然不对称，但却给人以协调感，视觉上认为二者重量相当，仍可视为均衡。这种花卉布置得轻松活泼，富于雅趣。

比例适度，指的是植物的形态、规格等要与所摆设的场所大小、位置相配套。室内花卉装饰犹如美术家创作一幅静物立体画，如果比例恰当就有真实感，否则就会弄巧成拙。比如，空间大的位置可选用大型植株及大叶品种，以利于植物与空间的协调；小型空间只能摆设矮小植株或小盆花木，这样会显得优雅得体。

掌握布置均衡和比例适度这两个基本点，就可有目的地进行室内花卉装饰的构图组织，实现装饰艺术的创作，做到立意明确、构图新颖、组织合理，使室内花卉起到较好的装饰效果。

（2）色彩协调 色彩对人的视觉是一个十分醒目且敏感的因素，在室内绿化装饰艺术中具有举足轻重的作用。

室内花卉装饰的形式要根据室内的色彩状况而定，如以叶色深沉的室内花卉或颜色艳丽的花卉作布置时，背景底色宜用淡色调或亮色调，以突出布置的立体感；居室光线不足、底色较深时，宜选用色彩鲜艳或淡绿色、黄白色的浅色花卉，以便取得理想的衬托效果。陈设的花卉也应与家具色彩相互衬托，如清新淡雅的花卉摆在底色较深的柜台上可以提高花卉色彩的明亮度，使人精神振奋。

此外，室内花卉装饰花卉色彩的选配还要随季节变化及布置用途不同而做必要的调整。

（3）形式和谐 植物姿色形态是室内花卉装饰的第一特性，给人以深刻印象。在进行室内花卉装饰时，依据各种植物的各自姿色形态，选择合适的摆设形式和位置，同时注意与其他配套的花盆、器具和饰物间搭配谐调，力求做到和谐相宜。如悬垂花卉宜置于高台花架、柜橱或吊挂高处，让其自然悬垂；色彩斑斓的植物宜置于低矮的台架上，以便于欣赏其艳丽的色彩；直立、规则花卉宜摆在视线集中的位置；空间较大的位置可以摆设丰满、匀称的花卉，必要时还可采用群体布置，将高大花卉与其他矮生品种摆设在一起，以突出布置效果。

# 任务四　装饰居室

## 【案例】

图 5-5　客厅花卉装饰图例

观察 1. 图 5-5 中的居室装修属于什么风格？

观察 2. 图 5-5 中的花卉布置有什么特色？

案例：这是一个属于现代装饰风格的居室，家具属于现代简约风格，花卉配饰盛在玻璃器皿和装饰性的陶罐里，这使居室显得整洁、宽敞，还增加了整个房间的生动性。

## 【知识点】

**1. 装饰原则**　室内绿化设计的基本原则就是利用美学的原理，使花卉装饰与室内环境相协调，形成一个统一的整体来满足房间功能和人们的需要，具体地说室内绿化装饰应从以下几个方面考虑。

（1）协调的原则　室内装饰首先应做到与环境相协调、和谐。建筑的形式、整个室内的情调、风格、家具的式样以及地面、墙壁等诸因素都影响到室内进行装饰的内容和形式。这就要求装饰与建筑风格统一，与空间的大小相适应，与季节、节日协调，与色彩相协调。

（2）按美学原则进行　美，是装饰的重要的原则。如果没有美感就根本谈不上装饰。因此必须依照美学的原理，通过艺术设计，明确主题，合理布局，分清层次，协调形状和色彩，才能收到清新明朗的艺术效果，使花卉布置很自然地与装饰艺术联系在一起。为体现室内花卉装饰的艺术美，必须通过一定的形式，使其体现构图合理、色彩协调、显示和谐。

（3）按照实用原则设计　室内花卉装饰必须符合功能的要求，要实用，这是装饰的另一重要原则。所以，要根据装饰布置场所的性质和功能要求，从实际出发，做到装饰美学效果与实用效果的高度统一。

（4）按照经济原则设计 室内绿化装饰除要注意美学原则和实用原则外，还要求绿化装饰的方式经济可行，而且能保持长久。设计布置时要根据室内结构、建筑装修和室内配套器物的水平，选配合乎经济水平的档次和格调，使室内"软装修"与"硬装修"相协调。同时要根据室内环境特点及用途选择相应的室内观叶植物及装饰，使装饰效果能保持较长时间。

**2. 居室装饰类型**

（1）客厅 客厅是接待客人及家庭成员活动的主要场所。

装饰宗旨：轻松、朴素、美观、大方、热情。

摆放要点：客厅应选择观赏价值高，姿态优美，色彩深的盆栽花木或花篮、盆景。客厅中通常陈设沙发、茶几、餐桌、椅子、电视和音响等设备。门的两旁、窗台、花架可用枝叶繁茂下垂的小型盆花；沙发两边及墙角可用盆栽印度橡皮树、椰子等。茶几、桌子上的花卉不宜过高，可放置倾斜式、水平式的插花以及低矮的小盆景等，以免主人与客人间有隔阂感；在电视机、音响等电器设备上只宜放置干燥花。客厅花卉装饰时要考虑空间大小、色彩变化、摆放位置和主人情趣等诸多因素，花卉植物的数量、种类不宜太多，避免杂乱和拥挤。空间较大的客厅可在墙角、沙发边和门窗口摆放大中型的植物和组合盆栽，还可采用吊挂花篮布置创造立体花园；空间较小的客厅不宜放过多大中型盆景，应选择体量较小的盆栽植物、垂吊花卉、艺术插花和水培植物；客厅花卉装饰还可按主人的情趣、风格和爱好来进行个性化设计，若将装饰植物与字画、工艺品相互衬托，形成不同文化风格和文化内涵，达到环境宜人的效果。

例如，家居两室两厅的房间，从花卉装饰角度看，它的条件很好，客厅加餐厅一般有近 40m²，为了符合光线的强弱，在客厅的交界处可摆置散尾葵、熊掌木、马拉巴栗、棕竹等较大耐阴的大型盆栽装饰植物。客厅南面宽大的阳光室，面积一般有 9m²，这是一个天然的绿色植物园，应该善加利用。采用大中小型绿色植物巧加配合，创造出多层次的浓郁绿色景观。比如以高大的南洋杉为中心，用花叶鹅掌柴、朱蕉、龟背竹、白粉藤、常春藤等盆栽植物搭配组合，令大容量的绿色效果更突出。

（2）餐厅 餐厅是全家人每天团聚、进餐的重要场所。

装饰宗旨：卫生、安静、舒适。

摆放要点：注意花的色彩，以白色、冷色、淡色为主，以体现环境的清凉感及空间的宽敞感，可在壁面吊挂花盆，室内绿化的盆花插花，要适当注意花卉色彩的变化与对比，适合水果或花卉的静物画，空余墙面可装饰色彩淡雅的小画、看上去漂亮，又干净，如果内容能促进食欲就更好了。

餐厅布置分为餐桌中心和餐桌外围的布置。餐桌有圆形和椭圆形、方形和长方形之分，但在用餐时人们都面向中心点，所以，在餐桌中心布置艺术插花或小巧低矮的盆花，一般高度不超过 25cm。若按不同环境设计成不同风格的花艺，如古典传统的、或现代自由形式的作品，则能更好的强化环境功能，在色彩配置上要与餐厅色调相和谐。

餐桌外围的布置也要根据环境条件来进行。宽敞明亮的餐厅，其外围可按自然式手法布置或进行环境分隔，或配以名人字画加以美化，但要注意装饰不能太多，以免影响正常的进餐活动。

（3）书房　书房为读书、写字、绘图的房间。

装饰宗旨：宜少不宜多，宜小不宜大。

摆放要点：可在室内适当摆设盆花或小山石盆景，花色、树形要有朝气。

书房也是居家的工作室，因主人的职业特点和爱好有所不同，如教师的书房，画家的画室，音乐爱好者的琴房以及电脑室等，是一个充满文化气息的空间。书房应具有书卷气，所以，装饰不宜华丽、雕琢，当追求一种清雅、自然的品味。花卉宜采用偏冷色调的花卉，装饰植物要选择体态轻盈、潇洒的盆栽、盆景或水培花卉，如发财树、天门冬、文竹和小型盆景、水培绿萝等，也可配合季节摆放应时花卉，如春天的兰花、藏报春、水仙花、风信子、郁金香，夏天的万年青、凤梨、荷花、米兰，秋天的菊花、桂花，冬天的水仙花、梅花等。还可在窗台上点缀一盆小型盆景。一般在书橱上放置下垂的藤蔓植物和花草如常春藤、绿萝、珠兰等，形成多层次的装饰效果，也可放置悬崖、半悬崖式的盆栽和盆景。博古架是书房的雅物，主人的志趣和和情感可以通过它来反映。此类博古架大多古朴典雅，构成古色古香的室内装饰环境，如放置数盆上市盆景或文竹、水仙之类的盆栽植物，便更加超凡脱俗了。书桌上摆置的植物宜小巧雅致，如玫瑰花、菊花、剑兰等鲜艳瓶插花或放 1~2 盆文竹、五针松、凤尾竹或悬挂 1~2 盆吊兰，以示文静高雅，一般靠墙壁摆放，也可设矮架放置，既不影响案头工作，又可调节气氛，有利于主人集中思想，减少疲劳。如在墙壁上结合意境点缀壁挂饰物，更能使书房充满诗情画意。

（4）卧室　卧室是居家休息的场所，是温馨的空间，具有很强的私密性。

装饰宗旨：温馨、宁静、舒适。

摆放要点：卧室是人们休息的地方，一般面积都比较小，因此不要摆放过多的花卉，不宜摆放悬吊植物，应放置与空间氛围相宜、相对较小的植株或盆景，使室内不致显得臃肿和无序。如金橘、桂花、袖珍石榴等中小型植物，能烘托温馨和静谧的氛围。

卧室内不宜悬挂花篮、花盆以避免滴水，可选择观叶植物，水苔类植物或色彩淡雅的小型盆景。

卧室花卉一般在向阳的窗台上放海棠、天竺葵，在北面的窗台上宜放置较耐阴的植物，柜顶放置一两盆花卉，高橱柜上放置小型观叶植物，矮的橱柜上可放置蝴蝶花、鸭跖草。放置于卧室的植物忌过于高大，卧室植物摆放要少而精。卧室花卉装饰的色彩要与墙面、地面、家具相协调。如果在卧室点缀一盆艺术插花，更使满室生辉。

卧室花卉应选用仙人掌等肉质多浆类植物，慎用观花植物，以防花粉过敏。另外，秋海棠、凤仙花、鸢尾、银边翠、红背桂、酒金榕和麒麟冠等被证实有促癌作用，不能用于卧室装饰。过敏体质人群的卧室和儿童卧室，最好不用鲜切花和盆花装饰，宜摆设工艺花。

卧室花卉装饰的色彩要与墙面、地面、家具相协调。如果在卧室点缀一盆艺术插花，更使满室生辉。一般不选用十分刺激的色彩，可选用淡雅、矮小、形态优美的观叶植物，年轻人的卧室可放置色彩对比强的鲜切花、盆花。

（5）厨房　厨房是烹制美味佳肴的场所。

装饰宗旨：厨房绿化要讲究功能，方便炊事工作。

摆放要点：厨房一般空间小、东西杂，摆放花卉宜简不宜繁，宜小不宜大。

厨房花卉切忌摆放在妨碍操作的位置上，要充分利用窗台、橱柜、冰箱或墙面进行装饰，另外厨房里的温、湿度变化较大，应选择一些适应性强的小型盆花，如小杜鹃、小松树或小型龙血树、蕨类植物以及小型吊盆紫露草、吊兰等。值得注意的是，厨房不宜选用花粉太多的花，以免开花时花粉撒入食物中。

（6）卫浴间　卫浴间是每个家庭放松的地方。

装饰宗旨：整洁、安静、轻松。

摆放要点：卫浴间一般面积不大，湿气大，冷暖温差大，适合摆放羊齿类植物和仙人掌之类的耐阴、耐潮湿植物。也可配置干花，或将花盆悬挂在镜框线上，产生立体美化的效果。如设置隔板上，摆上一组盆花，空间能得到更好的利用，且起到增添自然情趣的作用。

如果在盥洗台上的小空间，或是抽水马桶的储水箱上，利用两三盆绿色植物来装饰，就可以创造清爽洁净的感觉。若是在厕所里放上一两盆观花的植物，会使整个沉静的空间顿时生动起来。浴缸一般是白色、蓝色的器物，加上绿色观叶的点缀，利用与浴缸上的空间，可布置出一个清凉的洗澡间。但由于浴室的温度、湿度很高，选择栽培的植物所受的限制也较多，平时要注意通风良好，特别是对于没有窗门的卫生间，由于光线过暗，除了要选择特别耐阴的植物种类外，还应定期更换，以使植物良好生长。也可利用绢花等人造艺术插花装饰，以假乱真，或真假交融，达到美化空间的作用。

（7）阳台、窗台 阳台是居室空间的扩展，也是人进行放松活动或晾晒衣物的地方。

装饰宗旨：自然。

摆放要点：阳台、窗台的花卉装饰要充分利用空间，可用垂吊或组合花架等形式加以布置，布置上要形成高低错落、层次分明的格局。在布局时要留有相当的空间给人活动。此外，阳台绿化装饰时要特别注意，边口的盆花要牢固放置或加以绑扎，以防盆花坠落伤人。同时还要注意在阳台、窗台的承重范围内。

## 【任务实践】

### 实践一 参观考察一个居室的花卉装饰

**1. 使用工具** 相机、钢笔、笔记本。

**2. 操作步骤**

（1）了解居室的装饰风格。

（2）总结花卉装饰的特点。

（3）评价这个居室花卉装饰的优缺点。

**3. 检查**

（1）总结要求条理清楚，无误。

（2）评价要从居室花卉装饰原则出发，有理有据。

### 实践二 花卉装饰设计一个居室

**1. 材料用具**

（1）材料 不同形状的花器、花卉。

（2）用具 丁字尺、三角板、相机、A2 图纸、笔等。

**2. 操作步骤**

（1）用相机拍下需装饰的居室。

（2）按照适当的比例尺绘出居室原有的立面图，并着色。

（3）了解居室内各房间的功能。

（4）构思居室花卉设计方案。

（5）在已绘出的立面图上进行花卉装饰设计。

（6）根据设计方案进行居室花卉装饰。

（7）写出详细的设计说明。

**3. 检查**

（1）花卉装饰要符合居室花卉装饰的原则。

（2）花卉装饰要与房间功能统一。

（3）图纸要求：比例适当、图面整洁、色彩和谐。

## 【关键问题】

**1. 功能分析**　对要绿化装饰的居室，进行功能分析。

（1）物质功能就是装饰的功用，是装饰赖以生存的根本所在。物质功能对装饰的结构和造型起着主导和决定作用，也是装饰的内容。

（2）精神功能是装饰的艺术造型，是装饰的物质功能和技术条件的综合体现。造型艺术性是为了满足人们对装饰的欣赏要求，也是装饰的形式。

在装饰过程中，功能确定形式，形式为功能服务。

**2. 业主要求分析**　设计时要对业主的需要进行详细的分析，设计出的作品才能被采纳，一般情况下业主的需要分为以下几种类型：

（1）生理的需要　商品房基本是毛坯房，装修是为了居住。

（2）安全的需要　买房是一辈子的事，要装就装得放心，装修要注重质量，同时还要考虑环保。

（3）个性化的需要　装饰是业主个性化的体现。

（4）自尊的需要　装饰也是业主身份，地位的体现。

（5）自我实现的需要　装饰是为了提高生活的品质。

作为一个设计人员应该认真考虑，依需求进行设计。

## 【思考与讨论】

1. 讨论居室装饰的作用？

2. 讨论居室装饰的要领？

3. 居室装饰常用的花卉有哪些？

## 【知识拓展】

**1. 居室的彩绘装饰**　传统的居家装饰都是采用冰冷的墙砖、影视墙、不锈钢，感觉比较生硬，为了回归人文乐趣，出现了一种新兴的软装饰手法——彩绘装饰。采用无毒无味的丙烯颜料直接绘制于墙体上，使观看者有一种身临其境的感觉。

目前市面上常见的墙面彩绘类型包括贴纸墙面彩绘（壁纸设计感和现代感很强，很容易把房间打扮得又酷又贵，图案唯美，色彩绚丽，条纹和颜色都热烈奔放，令人眼前一亮）、模板墙面彩绘和纯手工墙面彩绘。室内墙面彩绘：电视背景墙、沙发背景墙、卧室、儿童房间墙画、餐厅、走廊、阳台、厨房等。

虽然现在彩绘市场还很空白，只有很少的朋友了解这类新兴艺术，相信慢慢地会有更多人欣然接受这种新兴的艺术形式。

**2. 家居不宜摆放的十六种花卉**

（1）月季花所发散出的香味，会使个别人闻后突然感到胸闷不适、憋气与呼吸困难。

（2）兰花所散出的香气，久闻之会令人过度兴奋而引起失眠。

（3）紫荆花所散发出来的花粉如与人接触过久，会诱发哮喘症或使咳嗽症状加重。

（4）夜来香在晚上能大量散发出强烈刺激嗅觉的微粒，高血压和心脏病患者容易感到头晕目眩、郁闷不适，甚至会使病情加重。

（5）郁金香的花朵含有一种毒碱，如果与它接触过久，会加快毛发脱落。

（6）夹竹桃的花朵散发出来的气味，闻之过久，会使人昏昏欲睡，智力下降；其分泌出的乳白液体，如果接触过久，也会使人中毒。

（7）松柏类的花木所散发出来的芳香气味对人体的肠胃有刺激作用，如闻之过久，不仅会影响人们的食欲，而且会使孕妇感到心烦意乱，恶心欲吐，头晕目眩。

（8）洋绣球花所散发出来的微粒，如果与人接触，会使有些人皮肤过敏，发生瘙痒症。

（9）黄花杜鹃的花朵散发出一种毒素，一旦误食，轻者会引起中毒，重者会引起休克，严重危害身体健康。

（10）百合花所散发出来的香味如闻之过久，会使人的中枢神经过度兴奋而引起失眠。

（11）水仙的花、枝、叶中均含有毒物质，叶和花的汁液会使皮肤红肿，在夜间睡眠中吸入其花的香气过多会使人头晕。

（12）滴水观音根和叶有剧毒，茎内白色汁液有毒，滴下的水也有毒，皮肤接触会有强烈的刺激、瘙痒。

（13）一品红全株有毒，会释放对人体有害的有毒物质，皮肤接触会产生过敏症状，误食会导致呕吐、腹痛，甚至有生命危险。

（14）花叶万年青含有有毒的酶，茎、叶汁液有强毒，果实毒性更大。茎、叶的汁液对皮肤有强烈刺激作用，使人奇痒难熬。误食会伤害声带，甚至会带来生命危险。

（15）马蹄莲块茎、花有小毒，内含大量的草酸钙结晶和生物碱，误食可能会导致舌喉灼伤、恶心、呕吐、昏迷及神经功能障碍。

（16）凤仙花的花粉含有促癌物质，通过皮肤接触容易诱发癌症。

# 任务五　装饰特殊场所

## 【观察】

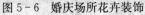

图5-6　婚庆场所花卉装饰　　　　图5-7　追悼场所花卉装饰

观察1. 图5-6和图5-7中这两个分别是什么场所？

观察2. 图5-6和图5-7的两个场所中花卉装饰形式有哪些？

观察3. 你认为图5-6和图5-7两个场所中的花卉装饰有哪些不同？

## 【知识点】

**1. 特殊场所花卉装饰**　特殊公共场所包括：旅店业相关场所，洗浴按摩场所，理发、美容场所，游泳场馆，文化娱乐场所等，这里的特殊场所花卉装饰主要是指婚庆礼堂、追悼场所等特殊应用场所的花卉装饰。

**2. 婚庆场所花卉装饰**　婚宴花卉装饰，主要包括婚庆大厅门框装饰、主桌装饰、大厅柱子装饰、婚庆台、主婚人讲台布置等。

（1）婚庆大厅门框　大门是宴会厅的入口，其装饰得好坏会给来宾留下第一印象。因此，必须装饰好门框。制作时，先用泡沫胶或双面胶将包裹的花泥固定在墙体或木板上，然后插入单一品种或多个品种的花材、叶材，最后用碎小的花叶填充空隙处，并遮盖花泥。宽度根据入口的大小而定，一般在20～30cm为宜。

（2）主桌　一般装饰在餐桌中央或餐具与菜肴之间的空隙处。如餐桌中央装饰，布置一盆四面观，选择较低矮的西方式插花即可。若在餐具与菜肴空隙处装饰，用圆形或梅花形圆环布置为宜。制作时先将天门冬或文松等碎小的叶材摆放出图案框架，宽度根据桌面大小而定，一般控制在 10cm 左右，然后在其上插入等距离的洋兰、月季、百合等鲜花，最后用满天星等碎花点缀，花叶品种以单个为宜，也可多个混用。在环的内侧或外侧，以较大的距离点缀圆形鲜花制成的图案。

（3）婚庆大厅柱子 用下垂型的布置手法将鲜花和叶材固定在柱子上，布置的部位宜在柱子离地面 3/4 处。先将扁平的器皿固定在柱子上，装入吸水份的花泥，花泥必须高出器皿口 10cm，然后插入下垂的主花材和叶材，下垂长度约占柱子长度的 1/3 为宜。最后插入填充的小花小叶，也有用藤环作器皿的，在环的下半部制作下垂型插花。柱子上的鲜花一般装饰在一面，即正面，也可在两面，甚至四面全部装饰。

（4）婚庆大厅墙体 婚庆大厅墙体与柱子鲜花装饰手法基本相似，但形式可多种多样，真构图，横构图，规则的，不规则的均可，体量也可适当大点，数量根据环境大小而定，两只至数只不等。

（5）婚庆台 婚庆台是婚庆中新人进行仪式主要场地，是来宾注视的焦点，主要装饰位置包括婚庆台的背景、台中和台边，背景和台中主要用插花来装饰，背景花卉装饰采用吊挂式，多以心型为主；台中花卉装饰多放在台架上，用量、造型及位置以不影响婚庆仪式的进行为度，常见的形状为规则的几何图形，如圆形、椭圆形等；台边花卉装饰可用插花也可用绿植。婚庆台花卉装饰使用的花卉以玫瑰、百合居多，色系则以浅粉色为主，或是色彩鲜艳的大红色。现在也有许多新人尝试以白色的鲜花来妆点婚庆台，用花数量较多，色彩浓烈艳丽，能营造出热情、友好的待客气氛。

（6）主婚人讲台 主婚人讲台布置类似于大型会议发言人讲台的布置，可采用下垂型布置手法。先将吸足水分的花泥置于器皿中或用所料包装纸包裹，呈下垂型插花鲜花和叶材，主婚人讲台花饰布置要求花色丰富，体量较大，但高度应控制在主婚人脸部以下。

**3. 追悼场所花卉装饰** 追悼场所要营造一种肃穆的氛围，追悼场所花卉装饰包括花圈、花篮和凭吊堂花卉布置，悼念用花常称为丧葬花或哀思花，花材并不局限，但多用菊花，取其高洁之意。无论取用何种花材，黄、白素色都是较常用的色彩，多在花艺的造型上加以限制，以表肃穆稳重之感，整齐、规则的造型往往可以给人带来严肃的感受，比如葬礼花圈、祭祀花篮等。

## 【任务实践】

### 实践一 参观考察一个追悼场所的花卉装饰

**1. 使用工具** 相机、速写本、钢笔等。

**2. 操作步骤**

（1）识别记录这个追悼场所花卉的种类，了解其各自的花语。

（2）观察这个追悼场所花卉装饰的形式，手绘或拍照，以作记录。

（3）观察并查阅资料，以了解追悼场所花卉装饰的注意事项。

**3. 检查**　记录的花卉种类和花卉装饰形式是否完全。

实践二　装饰一个婚庆场所的花门

**1. 材料用具**

（1）材料　鲜花、花泥、花器和衬饰等。

（2）用具　相机、卷尺、笔、纸、修枝剪、刀和喷壶等。

**2. 操作步骤**

（1）了解婚庆的风格和规格，对婚庆场所进行踏察。

（2）根据婚庆场所花卉装饰预留空间的大小，按比例把安放花门的原址画出。

（3）结合婚庆风格、入口的大小、形状、墙体及饰物的颜色，选择花材，设计花门。

（4）绘制出花门设计的平面和立面简图，根据表现相关，调整设计方案。

（5）按照设计图进行婚庆场所花门的插制。

（6）安置做好的花门，并拍照。

**3. 检查**

（1）花门是否符合婚庆场所用花的要求。

（2）绘制的平面和立面简图是否符合绘图标准，表现效果与实际效果是否存在差异。

（3）花门是否能稳定地安置。

## 【关键问题】

**1. 注意婚庆用花礼仪**　婚礼用花最关键的是花语、花形、花色的选择及花材品种的正确使用，适合送颜色鲜艳而富花语的花卉，可增进浪漫气氛，表示甜蜜，一般多以玫瑰、郁金香、百合、康乃馨等为主。

（1）玫瑰　结婚一般用红玫瑰，寓意真挚的感情。因为红玫瑰是表达爱情的专用花卉，所以它是结婚鲜花中应用最广的一个。玫瑰花容秀美，有"花中皇后"之称。但不是所有红玫瑰品种都是好花材，一般作为结婚用花的红玫瑰品种要求花大、色鲜、形美、梗长（60～70cm）、花瓣厚实，如沙特阿拉伯的乌丹玫瑰、英国的红玫瑰等。目前，我国昆明出产的超级玫瑰和一些专业种植基地的各种彩色玫瑰也成为婚礼鲜花布置中不可或缺的高质量花材。

（2）郁金香　郁金香是结婚用花的好材料，常选用红、黄、紫、白几种颜色的郁金香。红色花意为爱的告白；黄色花语为爱的来临；紫色花意为爱的永恒；白色花语为爱的纯洁。

（3）百合　结婚用花中，百合被广泛使用，寓意"百年好合"或"百事合意"。

（4）康乃馨　又名香石竹，其中大红和桃红的康乃馨是结婚用花销量最大的花卉品种之一，前者花意为"女性之爱"，后者花语为"不求代价的爱"，一般常用于新娘捧花、新郎胸花、婚礼花篮、花车、新房等。

（5）蝴蝶兰　花形似蝴蝶，芳姿艳质，艳压群葩，素有"兰中皇后"之称，是新娘捧花、头花、肩花、腕花、襟花的主要花材，花意为"我爱你，清秀脱俗，青春永驻"。

结婚用花的陪衬花材有满天星、一叶兰、常春藤、文竹、广东万年青、苏铁、花叶芋、天东草等。

这些五彩的花材为新人们的婚事增添了温馨的氛围，以其自身丰富的寓意祝福新人们百年好合，白头偕老。

**2. 注意追悼场所用花礼仪**　追悼场所用花分两大类：慰问遗属用花和悼念用花。比较而言，慰问用花的色彩一般都较为明亮温暖，它们更多地是用于安抚和鼓励死者遗属；而悼念用花则偏重于寄托对死者的哀悼和怀念。追悼场所用花一般都是颜色素净，花型简约大气的花卉种类，也可使用逝者生前喜欢的花，追悼场所花卉装饰用花有一些约定俗成的规矩，比如 60 岁以下亡故的人，其用花以黄白素色为主，故人 80 岁以上的则会选择一些鲜艳的色彩，如果亡故者年高百岁以上，则全部用红色花都没问题。

## 【思考与讨论】

1. 特殊场所花卉装饰的形式有哪些？
2. 适合特殊场所花卉装饰的花卉分别有哪些？

## 【知识拓展】

**婚庆人物花卉装饰**：新人鲜花装饰主要包括头花、胸花、捧花、腕花、肩花，而腰花则用得较少，简述如下：

（1）头花　装饰在新人头上的花。主花一般用月季、百合、洋兰、蝴蝶兰，色彩以浅色系为主，如白、粉、黄等。体量大的用 1～2 朵，体量小的用3～5 朵，配花用满天星、情人草、勿忘我等碎花，配叶常用文竹、文松、天门冬等，制作时用绿胶带将花叶通过绿铁丝组合在一起成串状，花、叶组合时忌混用多个品种，即一个花卉品种配一个叶材品种。绿铁丝和花梗忌暴露在外，以免损伤头皮和影响观瞻。用发夹或发胶将花叶固定在头发上。

（2）捧花　用于新人手捧的花束，是新人鲜花装饰的主要用花。款式丰富，有圆型、下垂型、三角型和不规则型等多种形状。主花一般用百合、月季、红掌、天堂鸟、石斛兰、蝴蝶兰、文心兰、唐菖蒲等。配花用满天星、情人草、勿忘我等。配叶用文竹、天门冬、肾蕨叶、巴西木叶、八角金盘叶等。制作时先将主花用包装带扎成束，然后在其外围添加配花、配叶，最后用若干张塑料纸或纸质包装纸包裹花梗叶梗，扎上蝴蝶结，外露花朵和叶片。捧花一般由单个品种的主花、配花和配叶组成，也有2～3个主花品种配单个品种的配花配叶组成。捧花的款式和大小要求与新人身高和服装相协调，身材矮胖者配圆型和体量较小的捧花，身材修长者配下垂型和体量较大的捧花，而追求时尚、个性的新人则可选择不规则选型的捧花。捧花握手处以手握舒适为宜。捧花的色彩以单纯的浅色系为主。捧花最好制作2束，一束用于拍婚庆录像，另一束用于婚宴。

（3）胸花　装饰在新人胸前的花。主花一般用月季、石斛兰、蝴蝶兰等，配花用满天星、情人草、勿忘我等，配叶用文竹、天门冬等。制作时将单一的主花、配花、配叶用绿铁丝和胶带纸包扎，忌暴露包装材料，以免损伤服装和影响观瞻。胸花的色彩与大小要和新人的服装与身材相协调，一般用1～2枚别针固定在服装上，要求服帖不倒状，胸花一般制作6朵，新人及双方的父母各一朵。

（4）腰花、肩花、腕花　分别装饰在新娘的腰部、肩部、手腕部的花。腰花、肩花制作要求类似胸花。腰花装饰呈三角型布置，肩花装饰呈倒三角型布置。腕花制作要求类似头花，但主花要用小体量花，制成后的条状花两头要预留弯钩，接合时彼此勾住形成环，便于戴在手腕上。

## 技术实训　装饰一个公共场所

### 一、实训目标

掌握公共场所花卉装饰的方法和程序，掌握园林沙盘制作的基本方法，了解室内花卉的常见种类、观赏特性和生态习性，了解花卉生长与室内环境因子的关系，了解园林沙盘制作材料的特点和表现效果，为全面掌握场景花卉装饰奠定基础。

### 二、材料准备

泡沫板，KT板，胶水，即时贴，植物小样，海绵，广告色，模具，不同形态的花卉，不同规格的花盆、托盘或套盆，各种栽培基质，相机，卷尺，

A2 图纸，丁字尺，笔，画笔，裁纸刀，三角板，温湿度计，便携式光照度仪，二氧化碳测定仪，喷壶，修枝剪等。

### 三、实训步骤

1. 测定场地

（1）测定场地尺寸　测定公共场所花卉装饰场地的尺寸，对出入口、场地内需要保留的原有地下建（构）筑物、地下管网与树木的树冠范围等的位置和尺寸进行测定。

（2）测定场地环境因子　合理设置测点，编制记录表，测定并记录场地各部分的光照强度、温度、空气相对湿度和二氧化碳含量。

2. 绘制现状图　在绘图纸上绘制图框、标题栏等，根据场地测量结果，根据图面大小，选用适宜的比例绘出现状图，对出入口、场地内需要保留的原有地下建（构）筑物、地下管网与树木的树冠范围等进行位置标定。

3. 绘制花卉装饰设计图　与业主沟通并对场所进行踏察和分析，结合测定的各项环境因子，选择适合的花卉，进行场所花卉装饰设计，每个同学设计一个方案，绘制出平面图、立面图和效果图。

4. 制作园林沙盘　根据自述、互评和指导教师评价，比较本小组同学的设计方案，选出最适合的，以平面图作底图，按比例制作园林沙盘，制作时要选择合适的材料，并注意各要素的尺寸、比例、制作顺序和表现效果。

5. 调整并确定装饰方案　根据各组自述、互评和指导教师及业主评价，选出最好的园林沙盘，拟定设计方案，根据实际情况和其他设计方案，调整并确定公共场所的花卉装饰设计方案。

6. 装饰公共场所　根据设计方案，先在现场放样，分组进行花卉装饰，如果地栽，要测定土壤质量，必要时进行客土栽培，盆栽植物要选择适合的栽培方式和摆放地点，以达到预期效果，并制定出合理且可行的养护管理方案。

### 四、实训要求

1. 实训前必须阅读有关著作及实训指导书，初步了解实训的内容、目的、要求、方法步骤及注意事项，以保证按要求完成实训任务。

2. 实训分小组进行，组长负责组织和协调小组工作，办理所用仪器工具的借领和归还。

3. 实训在规定的时间和地点进行，不得无故缺席或迟到早退，每位同学都必须仔细认真地操作，培养独立工作的能力，严谨的科学态度，同时要发扬相互协作精神。

4. 实训后能够掌握园林沙盘制作，公共场所花卉装饰的一般方法。

5. 及时上交设计图（每人一份），沙盘（每组一份）和各自的实训小结。

**6**

# 模块六　花坛花境应用

## 任务一　盛花花坛应用

**【观察】**

图 6-1　盛花花坛

观察：图 6-1 中的花卉应用形式，描述其特点。

**【知识点】**

### 1. 花坛及其特点

（1）花坛的概念　花坛是在具有几何形轮廓的植床内，种植各种不同色彩的的花卉，运用花卉的群体效果来表现图案纹样或盛花时绚丽景观的花卉运用形式，以突出色彩或华丽的纹样来表示装饰效果。

（2）花坛的分类

①按其形态可分为：立体花坛和平面花坛两类。平面花坛又可按构图形式分为规则式、自然式和混合式 3 种。

②按观赏季节可分为：春季花坛、夏季花坛、秋季花坛和冬季花坛。

③按栽植材料可分为：一、二年生草花花坛、球根花坛、水生花坛、专类

花坛（如菊花坛、翠菊花坛）等。

④按表现主题可分为：盛花花坛或花丛式花坛，是用中央高、边缘低的花丛组成色块图案，以表现花卉的色彩美；绣花式花坛或模纹花坛，以花纹图案取胜，通常是以矮小的具有色彩的观叶植物为主要材料，不受花期的限制，并适当搭配些花朵小而密集的矮生草花，观赏期特别长。

⑤按花坛的运用方式可分为：单体花坛、连续花坛、组群花坛和移动花坛（由许多盆花组成，适用于铺装地面和装饰室内）。

**2. 盛花花坛及其特点** 盛花花坛主要表现和欣赏草花盛开时的群体的平面色彩效果，不同种或品种互相组合所表现出的绚丽的色彩和优美外貌（图6-2）。

此种花坛不适宜采用复杂的图案，但要求图案轮廓鲜明，对比度强。盛花花坛重点是观赏开花时花草群体展现出来的华丽鲜艳的色彩，因此必须选用花期一致、花期较长、高矮一致、开花整齐和色彩鲜艳的花卉，如三色堇（图6-3）、金鱼草、一串红（图6-4）、石竹、矮牵牛（图6-5）、翠菊等；同时一些一二年生彩叶植物也很常用。同一花坛内的花卉之间的界限必须明显，相邻花卉色彩对比一定要强烈，高矮不能相差太远。盛花花坛观赏价值很高，但很费成本，主要应用在园林重点地段的布置。

图6-2 表现群体平面色彩效果的盛花花坛

图6-3 三色堇为主体的盛花花坛

图6-4 一串红为主体的盛花花坛

图6-5 矮牵牛为主体的盛花花坛

**3. 盛花花坛的设计施工图**　盛花花坛的的设计施工图包括环境总平面图、花坛平面图、立面效果图、设计说明书和植物材料统计表。

（1）环境总平面图　应标出花坛所在环境的道路、建筑边界线、广场及绿地等，并绘出花坛平面轮廓。

（2）花坛平面图　应表明花坛的图案纹样及所用植物材料。如果用水彩或水粉表现，则按所设计的花色上色，或用写意手法渲染。绘出花坛的图案后，用阿拉伯数字或符号在图上依纹样使用的花卉，从花坛内部向外依次编号，并与图旁的植物材料表相对应，表内项目包括花卉的中文名、拉丁学名、株高、花色、花期、用花量等。以便于阅图。若花坛用花随季节变化需要换，也应在平面图及材料表中予以绘制或说明。

（3）立面效果图　用来展示及说明花坛的效果及景观。花坛中某些局部，如造型物等细部必要时需绘出立面放大图，其比例及尺寸应准确，为制作及施工提供可靠数据。

（4）设计说明书　简述花坛的主题、构思、并说明设计图中难以表现的内容，文字宜简练，也可附在花坛设计图纸内。对植物材料的要求，包括育苗计划、用苗量的计算、育苗方法、起苗、运苗及定植要求，以及花坛建立后的一些养护管理要求。上述各图可布置在同一图纸上，注意图纸布图的媒体效果。也可把设计说明书另列出来。

$$实际用苗量＝1m^2\ 所栽株数×花坛中占的总面积$$

公式中株行距以冠幅大小为依据，不露地面为准。

实际用苗量算出后，要根据花圃及施工的条件留出 5％～15％的损耗量。花坛总用苗量的计算：（A＋A×5％～15％）＋（B＋B×5％～15％）＋……如果是盆花直接摆放，可以不考虑损耗量。

**4. 盛花花坛的种植施工**

（1）整地翻耕　花卉栽培的土壤必须深厚、肥沃、疏松。因而在种植前，一定要先整地，一般应深翻 30～40cm，除去草根、石头及其他杂物。如果栽植深根性花木，还要翻耕更深一些。如土质较差，则应将表层更换好土（30cm 表土）。根据需要，施加适量肥性好而又持久的已腐熟的有机肥作为基肥。

花坛不一定呈水平状，它的形状也可以随地形、位置、环境自由处理成各种简单的几何形状，并带有一定的排水坡度。平面花坛有单面观赏和多面观赏等多种形式。

一般采用青砖、红砖、石块或水泥预制作砌边，也有用草坪植物铺边的。有条件的还可以采用绿篱和低矮植物（如葱兰、麦冬）及用矮栏杆围边，以保护花坛免受人为破坏。

（2）定点放线　一般根据图纸规定、直接用皮尺量好实际距离，用点线做出明显的标记。如花坛面积较大，可改用方格法放线。

放线时，要注意先后顺序，避免踩坏已放做好标志。

（3）起苗栽植　裸根苗应随起随栽，起苗应尽量注意保持根系完整。

掘带土花苗，如花圃畦地干燥，应事先灌浇苗地。起苗时要注意保持根部土球完整，根系丰满。如苗床土质过于松散，可用物轻轻捏实。掘起后，最好于阴凉处置放1～2天，再运往栽植。这样做，既可以防止花苗土球松散，又可缓苗，有利其成活。

盆栽花苗，栽植时，最好将盆退下，但应注意保证盆土不松散。也可以直接将盆花摆放。

盛花花坛由于管理粗放，除采用幼苗直接移栽外，也可以在花坛内直接播种。出苗后，应及时进行间苗管理。同时应根据需要，适当施用追肥。追肥后应及时浇水。球根花卉不可施用未经充分腐熟的有机肥料，否则会造成球根腐烂。

**5. 盛花花坛的管理与养护**　盛花花坛在园林应用中必须有合理的养护管理，才能生长良好和充分发挥其观赏效果。主要归纳为下列几项工作：

（1）栽植与更换　作为重点美化而布置的一、二年生花卉，全年需进行多次更换，才可保持其鲜艳夺目的色彩。必须事先根据设计要求进行育苗，至含蕾待放时移栽花坛，花后给予清除更换。

华东地区的园林，花坛布置至少应于4～11月间保持良好的观赏效果，为此需要更换花卉7～8次；如采用观赏期较长的花卉，至少要更换5次。有些蔓性或植株铺散的花卉，因苗株长大后难移栽；另有一些是需直播的花卉，都应先盆栽培育，至可供观赏的脱盆植于花坛。近年来，普遍使用纸盆及半硬塑料盆，这对更换工作带来了很大的方便。但园林中应用一、二年生花卉作重点美化，其育苗、更换及辅助工作等还是非常费工的，不宜大量运用。

球根花卉按种类不同，分别于春季或秋季栽植。由于球根花卉不宜在花落后即掘起，所以对栽植初期植株幼小或枝叶稀少种类的株行间，配植一、二年生花卉，用以覆盖土面并以其枝叶或花朵来衬托球根花卉，是相互有益的。适应性较强的球根花卉在自然式布置种植时，不需每年采收。郁金香可隔2年、水仙隔3年，石蒜类及百合类隔3～4年掘起分栽一次。在作规则式布置时可每年掘起更新。

宿根花卉包括大多数岩生及水生花卉，常在春或秋分株栽植，可2～3年或 5～6 年分栽一次。

地被植物大部分为宿根性，要求更较粗放；其中属一、二年生的如选材合适，一般不需较多的管理，可让其自播繁衍，只在种类比例失调时，进行补播或移栽小苗即可。

（2）土壤要求与施肥　普遍园土适合多数花卉生长，对过劣的或工业污染的土壤（及有特殊要求的花卉），需要换入新土或施肥改良。对于多年生花卉的施肥，通常是在分株栽植时作基肥施入；一、二年生花卉主要在圃地培育时施肥，移至花坛仅供短期观赏，一般不再施肥；只对花期长者于花坛中追液肥1～2 次。

（3）修剪与整理　在圃地培育的草花，一般很少进行修剪，而在园林布置时，要使花容整洁，花色清新，修剪是一项不可忽视的工作。要经常将残花、果实（观花者如不使其结实，往往可显著延长花期）及枯枝黄叶剪除；对易倒伏的花卉需设支柱；其他宿根花卉、地被植物在秋冬茎叶枯黄后要及时清理或刈除；需要防寒覆盖的可利用这些干枝叶覆盖，但应防止病虫害藏匿及注意田园卫生。

## 【任务实践】

### 实践一　识读盛花花坛设计施工图

观察盛花花坛 A 平面图和立面图（图 6-6、图 6-7），回答表 6-1 中的问题。回答完毕后，请在小组范围内讨论，选出代表在全班发言，并听取老师总结。

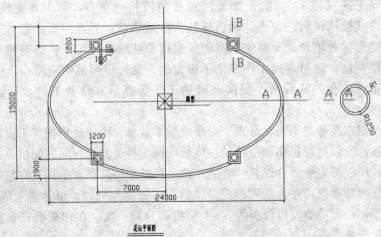

花坛平面图

图 6-6　盛花花坛 A 平面图

花坛立面图

图6-7　盛花花坛A立面图

表6-1　盛花花坛设计施工图识别

| 序号 | 问　　题 | 回　　答 |
|---|---|---|
| 1 | 花坛中心轴长轴和短轴分别是多少米？ | |
| 2 | 花坛四周石墩基部宽多少米？高多少米？ | |
| 3 | 石墩顶部圆球用的材料是什么？直径多少米？ | |
| 4 | 描述四周石墩在花坛中的具体位置。 | |
| 5 | 花坛边缘用的材料是什么？ | |
| 6 | 花坛边缘高是多少米？ | |
| 7 | 雕塑在花坛的什么位置？ | |

## 实践二　盛花花坛施工

1. 根据花坛B设计图（图6-8），结合【任务准备】制定其中盛花花坛部分施工计划，完成盛花花坛施工实施计划表（表6-2）。

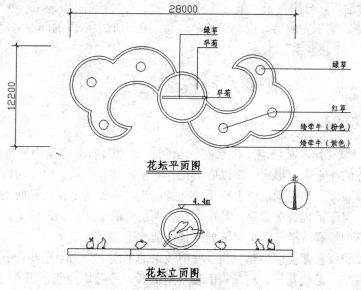

花坛平面图

花坛立面图

图6-8　花坛B设计图

表 6-2　盛花花坛施工实施计划表

| 施工程序 | | 具体内容 | 施工注意事项 |
|---|---|---|---|
| 工作计划 | 1. 勘察现场 | | |
| | 2. 植物材料准备 | | |
| | 3. 种植床准备 | | |
| | 4. 定点放线 | | |
| | 5. 植物栽植 | | |
| | 6. 初期养护 | | |
| 使用工具及数目 | | | |
| 组内分工 | | | |

2. 分小组讨论表格内容，充分交流后选择代表汇报本小组的实施计划，其他组同学提问、点评并补充。教师总评，并根据各组汇报，和同学们归纳出供全班实施的计划表。

3. 以小组为单位，根据实施计划完成盛花花坛施工。

## 【思考与讨论】

1. 任务实践一中，如果作为一套完整的设计施工图，还缺少哪些内容？分小组讨论后，分组汇报，最后教师总评。

2. 花坛施工完成后，以小组为单位总结在施工中出现的问题，完成表 6-2 的"施工注意事项"。

# 任务二　模纹花坛应用

## 【知识点】

**1. 模纹花坛及其特点**　模纹花坛是利用低矮、细密的植物种植形成精美图案纹样的花卉应用形式，多以应季花卉为主，宜在广场、单位入口，交通岛等重要景观节点和视觉焦点上应用。其特点是，首先突出花坛平面上的整体图样效果，保证俯视观赏效果，其次才是表现植物的个体美和群体美；为了保持模纹花坛的纹样效果，养护时需要经常修剪找平。

模纹花坛根据使用植物材料及修剪效果的不同，分为毛毡花坛、彩结花坛及浮雕花坛。毛毡花坛，花坛表面较平整低矮，像一块地毯（图 6-9、图 6-10、图 6-11）；彩结花坛，由小叶黄杨、桧柏等常绿植物组成粗细相同的线条，勾勒出优美的式样图案，中间可以填充草坪、花卉或者彩石等装饰材料（图 6-12）；浮雕花坛，通过修剪或将不同高度的植物组合在一起，形成凸凹纹样，效果类似浮雕。

图 6-9 边缘线是直线的毛毡花坛

图 6-10 边缘线是曲线的毛毡花坛

图 6-11 植物材料为五色苋的毛毡花坛

图 6-12 彩结花坛

**2. 模纹花坛植物材料的选择和要求** 模纹花坛植物材料一般以生长缓慢的多年生植物为主，要求植株低矮、株丛紧密、萌蘖性强、耐修剪、缓苗快。

观叶草本：彩叶草、银叶菊、五色苋、佛甲草等。

观花草本：半枝莲、三色堇、矮牵牛、雏菊、万寿菊、凤仙类、孔雀草、郁金香、细叶百日草、穗状鸡冠花、四季海棠等。

灌木：金叶女贞、六月雪、红花檵木、龙柏、小叶黄杨、紫叶小檗、桧柏等、金叶假连翘、九里香。

四、模纹花坛设计施工图

模纹花坛的的设计施工图包括总平面图、花坛平面图、立面图、说明书、植物材料统计表、指北针和比例。

总平面图主要表达模纹花坛的周边环境及花坛的外轮廓，以便施工者准确找到施工位置。根据花坛大小，一般模纹花坛总平面图使用 1:1 000~1:500 的比例绘制。模纹花坛的平、立面图表达花坛的设计立意和具体纹样、色彩搭配等内容，根据模纹花坛纹样的精细程度，确定使用比例，一般采用 1:50~

1∶20 的比例绘制。说明书即说明花坛的设计意图，环境特点等内容，植物材料统计表包括所用植物的名称、花色、规格、用量等内容。

## 【任务实践】

### 实践一　调查当地模纹花坛应用情况

**1. 使用工具**　铅笔、记录表、皮尺、工具书、相机等。

**2. 操作步骤**

（1）在当地公园或者街头绿地中观察模纹花坛应用情况，记录它们使用的植物材料，查阅相关资料后填写表 6-3。

表 6-3　模纹花坛常用植物表

| 序号 | 中文名 | 花期 | 株高 | 花色 | 株行距 | 生态习性 |
|---|---|---|---|---|---|---|
| 1 | | | | | | |
| 2 | | | | | | |
| 3 | | | | | | |
| 4 | | | | | | |
| 5 | | | | | | |
| 6 | | | | | | |
| 7 | | | | | | |
| 8 | | | | | | |
| 9 | | | | | | |
| 10 | | | | | | |
| ... | | | | | | |

（2）观察并记录每个模纹花坛的类型、环境特点、尺寸、植物种类数等内容，记录在表 6-4，并拍摄整体效果。

表 6-4　花境概况调查表

| | 类型 | 环境特点 | 尺寸 | 植物种类数 | 主要的植物 |
|---|---|---|---|---|---|
| 模纹花坛 1 | | | | | |
| 模纹花坛 2 | | | | | |
| 模纹花坛 3 | | | | | |
| 模纹花坛 4 | | | | | |
| ... | | | | | |

**3. 检查及总结**　检查表6-3植物种类记录是否完整，若有不认识或不确定的植物可拍下照片，查阅资料；检查表6-4中每个模纹花坛要搜集的信息是否完全准确。

总结当地模纹花坛主要使用的植物材料，熟悉它们的生态习性；观察模纹花坛的外观效果，总结施工的不足之处。

实践二　识读模纹花坛设计施工图

观察图6-13、图6-14，回答表6-5中的问题。回答完毕后，请在小组范围内讨论，选出代表在全班发言，并听取老师总结。

表6-5　模纹花坛施工图识别

| 序号 | 问　　　题 | 回　　　答 |
|------|-----------|-----------|
| 1 | 下面两张图分别表达什么内容？ | |
| 2 | 图中模纹花坛属于什么类别？ | |
| 3 | 描述该模纹花坛周边环境。 | |
| 4 | 该模纹花坛都使用了什么植物？ | |
| 5 | 总平面图的比例是多少？写出计算过程。 | |
| 6 | 平面图的比例是多少？写出计算过程。 | |
| 7 | 模纹花坛的的直径是多少？ | |
| 8 | 模纹花坛最中心用的是什么植物材料？ | |

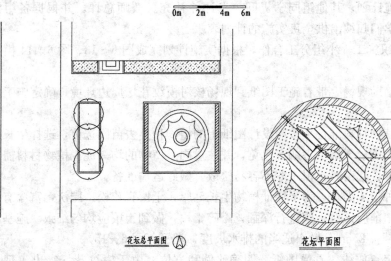

图6-13　模纹花坛总平面图　　　　图6-14　模纹花坛平面图

### 实践三　模纹花坛施工

**1. 制定施工计划**

（1）根据老师所给的平面图（图6-13、图6-14），结合【任务准备】制定施工计划，完成表6-6。

表6-6　模纹花坛施工实施计划表

| 施工程序 | | 具体内容 | 施工注意事项 |
|---|---|---|---|
| 工作计划 | 1. 勘察现场 | | |
| | 2. 植物材料准备 | | |
| | 3. 种植床准备 | | |
| | 4. 定点放线 | | |
| | 5. 植物栽植 | | |
| | 6. 初期养护 | | |
| | 7. 场光地净 | | |
| 使用工具及数目 | | | |
| 组内分工 | | | |

（2）针对此模纹花坛，分小组讨论表格内容，充分交流后选择代表讲述本小组的实施计划，其他组同学提问、点评并补充。教师总评，并根据各组汇报，和同学们归纳出供全班实施的计划表。

**2. 组织施工**　小组分工合作，根据实施计划完成图6-13、图6-14模纹花坛施工。

（1）踏勘现场　带着施工图纸到现场核对模纹花坛周边环境，确定施工的位置。

（2）植物材料准备　按照设计图纸上的植物种类去苗圃选苗，选择生长健壮，枝叶繁茂，无病虫害的五色苋，并注重同一植物的均一性。植物材料需要提前灌透水，起苗时，根土才不容易松散。做好运输准备。

（3）种植床准备　为了保证植物生长健康，土壤宜疏松、肥沃，富含有机质。在种植前应该对土壤进行深翻，敲碎土块，做到土壤应均匀细致。施基肥混合后再翻耕25cm，做出适当的排水坡度，耙平（图6-15）。

（4）定点放线　看懂图纸，明确比例和方位，由于模纹花坛突出表现平面图案效果，因此应按设计图精确放线。放线可用方格网法进行，即将花坛平面施工图表面分成若干方格，相应的用白灰在种植床内按比例打好方格，先用细绳勾勒模纹花坛轮廓，和内部纹样，再撒上白灰做标记。也可用铅丝、纸板、胶合板制成纹样模板，在种植床上压出线条痕迹，再撒上白灰（图6-16）。

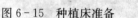
图6-15　种植床准备

图6-16　模纹花坛定点放线

（5）植物栽植　在施工过程中，先种植图案的轮廓线，后种植填充部分；先栽植面积大的主要纹样，再处理细节；栽植局部区域时要按照从里往外，从左向右的顺序栽植，以此类推完成施工。

在栽植五色苋的过程中，为防止人为踩乱种植床，施工人员可踩在薄木板上栽植，具体做法为先用木槌子插眼，再将草插入用手按实，要求横纵都对齐，株行距为4cm左右。栽植需要避开中午太阳暴晒时间，种植前土壤要充分灌水，待含水量为10%～20%时进行栽植。

（6）初期养护　模纹花坛建植完成后立刻浇水，一次浇透，使植物根系与土壤紧密结合，提高成活率。五色苋栽植完后，要根据设计要求和植物生长情况进行修剪，修剪时要找平，将纹样的轮廓线修出，使纹样清晰、明显。

（7）场光地净　模纹花坛施工完毕后，要将现场彻底清理。将多余植物材料运走，施工工具收好，现场的杂物处理干净，注意保洁。

**【思考与讨论】**

1.上述施工完成后，以小组为单位总结在施工中出现的问题，完成表6-1的"施工注意事项"。

2.植物材料主要为矮牵牛的毛毡花坛，施工过程跟五色苋毛毡花坛的区别是什么？

3.思考如何施工彩结花坛，跟花境的施工过程有什么区别？

# 任务三  立体花坛应用

## 【观察】

图 6-17  立体花坛

观察图 6-17 花卉应用形式的特点，描述与前面所述盛花花坛和模纹花坛应用形式的不同点。

## 【知识点】

**1. 立体花坛及其特点**  立体花坛又名"植物马赛克"，起源于欧洲，是运用不同特性的小灌木或草本植物，种植在二维或三维立体钢架上而形成的植物艺术造型（图 6-18）。它通过巧妙运用各种不同植物的特性，创作出各具特色的艺术形象，是一种园艺技术和园艺艺术的综合展示。它通过各种不尽相同的植物特性，神奇地表现和传达各种信息、形象，同时立体花坛作品表面的植物覆盖率至少要达到 80%。因此，通常意义上的修剪、绑扎植物形成的造型并不属于立体花坛。

立体花坛作品因其千变的造型、多彩的植物包装，外加可以随意搬动，被誉为"城市活雕塑"、"植物雕塑"。它代表了当今世界园艺的最高水准，被誉为世界园林艺术的奇葩。立体花坛在欧美发达国家已经较为普及，从街头的绿化到公园的景观，随处可见立体花坛的身影。但是，中国的立体花坛普及率不高，大型的立体花坛更是难见其身影。

**2. 立体花坛的设计**

（1）标牌花坛  花坛以东、西两向观赏效果好，南向光照过强，影响视

图 6-18　帆船造型立体花坛

觉，北向逆光，纹样暗淡，装饰效果差。也可设在道路转角处，以观赏角度适宜为准。

　　常采用两种方法来表现，其一是用五色苋等观叶植物为表现字体及纹样的材料，栽种在 15cm×40cm×70cm 的扁平塑料箱内。完成整体的设计后，每箱依照设计图案中所涉及的部分扦插植物材料，各箱拼组在一起则构成总体图样。之后，把塑料箱依图案固定在竖起（可垂直，也可斜面）的钢木架上，形成立面影观。其二是盛花花坛的材料为主，表现字体或色彩，多为盆栽或直接种在架子内。架子为台阶式则一面观为主，架子呈圆台或棱台样阶式可作四面观。设计时要考虑阶梯间的宽度及梯间高差，阶梯高差小形成的花坛表面较细密。用钢架或砖及木板成架子，然后花盆依图案设计摆放其上，或栽植于种植槽式阶梯架内，形成立面景观。

　　设计标牌花坛时要注意高度与环境协调。种植箱式可较高，台阶式不易过高。除个别场合利用立体花坛作屏障外，一般应在人的视觉观赏范围之内。此外，高度要与花坛面积成比例。以四面观圆形花坛为例，一般高为花坛直径的 1/4～1/6 较好。设计时还应注意各种形式的立面花坛不应露出架子及种植箱或花盆，充分展示植物材料的色彩或组成的图案。此外还要考虑实施的可能性及安全性，如钢木架的承重及安全问题等。

　　（2）造型花坛　造型物的形象依环境及花坛主题来设计，可为花篮、花柱（图 6-19）、花瓶、动物、图徽或其他造型（图 6-20）等。色彩应与环境的格调、气氛相吻合，比例也要与环境协调。运用毛毡花坛的手法完成造型物，常用的植物材料，如五色草类及小菊花。为施工布置方便，可在造型物下面安装有轮子的可移动基座。

图 6-19　花柱造型立体花坛　　　　　　　图 6-20　彩虹造型立体花坛

**3. 立体花坛的技术要求**　立体花坛作品对技术的要求也很高，需要集美术雕塑、建筑设计、园艺知识等多种技术于一体。它是在由钢架做成的基本形态结构上覆盖尼龙网等材料，将包裹了营养土的植株用各种有机介质附着在固定结构上，表面的植物覆盖率通常要达到 80% 以上，不同色彩的植株密布于三维立体的构架上，最终组成了五彩斑斓的立体花坛作品。平时常见的修剪、绑扎植物形成的造型艺术，制作过程不如立体花坛复杂，审美观赏价值也比不上立体花坛。

**4. 立体花坛的制作过程**　一座立体花坛的制作过程可不简单，设计定稿后，就要进行场外施工。按图纸用钢材焊好骨架，如果构架太大，则需要先切割成小块，以方便运输。苗木的培育从 4 个月前就要开始。构架在展出现场安装稳固后，就可以按设计的品种、颜色往上栽种植物。种植完毕，将植物表面修剪平整，整个立体花坛作品的制作才告完成。

**5. 立体花坛的材料选取**　制作立体花坛选取的植物材料一般以小型草本为主，依据不同的设计方案也选择一些小型的灌木与观赏草等。用于立面的植物要求叶形细巧、叶色鲜艳、耐修剪、适应性极强。红绿草类是立体花坛用最理想的植物。用于立面的其他植物还有紫黑色的半柱花类，银灰色的银香菊、朝雾草、芙蓉菊等，黄色系的有金叶过路黄、金叶景天、黄草等，以及叶嵌有各色斑点的嫣红蔓类。观赏草类可用特殊的设计方案，如鸟的尾巴用芒草、细茎针茅等，屋顶用细叶苔草、蓝苔草等。经过反复实践，广州本土选用玉龙草、白苋草、红草、绿草、金叶景天、黄叶菊等草本植物最为合适。

北京地区常选用四季海棠、非洲凤仙、彩叶草、矮牵牛、一品红、三色堇等植物。

**6. 立体花坛的种植施工**

（1）立架造型　外形结构一般应根据设计图，先用建筑材料制作大体相似的骨架外形，外面覆以泥土，并用蒲包或草将泥固定。有时也可以用竹或木棍作中柱，固定地上，然后再用竹片条、铅丝等扎成立架，再外覆泥土及蒲包。

（2）栽花 立体花坛的主体花卉材料，一般采用五色草布置，所栽小草由蒲包的缝隙中插进去。插入之前，先用铁器钻一小孔，插入时草根要舒展，然后用土填满缝隙，并用手压实，栽植的顺序一般由上向下，株行距离可参考模纹花坛。为防止植株向上弯曲，应及时修剪，并经常整理外形。

花瓶式的瓶口或花篮式的篮口，可以布置一些开放的鲜花。花体花坛的基床四周应布置一些草本花卉或模纹式花坛。立体花坛应每天喷水，一般情况下每天喷水 2 次，天气炎热干旱则应多喷几次。每次喷水要细、防止冲刷。

## 【任务实践】

### 实践一 识读立体花坛设计图

观察：图 6 - 21，在平面图中依次指出 3 个花带、木结构喷砂彩虹造型、泡沫雕刻列车、泡沫雕刻楼房、250w 投光灯、150w 投光灯的位置。先在在小组范围内讨论，选出代表在全班发言，并听取老师总结。

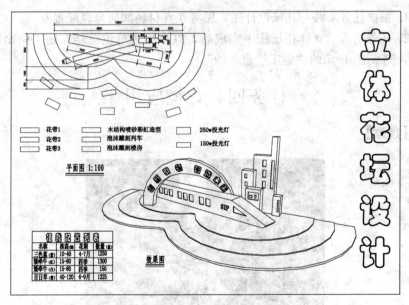

图 6 - 21 立体花坛设计图

### 实践二 立体花坛种植施工

1. 根据老师所给的立体花坛种植施工图（花柱或花球）和提出的具体要求，结合【任务准备】制定施工计划，完成表 6 - 7。

表 6 - 7　立体花坛种植施工实施计划表

| 施工程序 | | 具体内容 | 施工注意事项 |
|---|---|---|---|
| 工作计划 | 1. 勘察现场 | | |
| | 2. 骨架外形准备 | | |
| | 3. 花卉材料准备 | | |
| | 4. 花卉栽植或安置 | | |
| | 5. 初期养护 | | |
| 使用工具及数目 | | | |
| 组内分工 | | | |

2. 分小组讨论并汇报实施计划，其他组同学提问、点评并补充。教师总评，并根据各组汇报，和同学们归纳出供全班实施的计划表。

3. 以小组为单位，根据实施计划完成立体花坛施工。

## 【思考与讨论】

1. 根据任务实践一花坛设计图，思考花卉材料如何合理配置？

2. 任务实践二立体花坛施工完成后，以小组为单位总结在施工中出现的问题，完成表 6 - 7 的"施工注意事项"。

# 任务四　花境应用

## 【观察】

图 6 - 22　花境

观察图 6 - 22 花卉应用形式的特点，描述与前面所述盛花花坛、模纹花坛和立体花坛应用形式的不同点。

## 【知识点】

### 1. 花境及其特点

（1）花境的含义　花境是模拟自然界中林地边缘地带多种野生花卉交错生长的状态，运用艺术手法设计的一种花卉应用形式，旨在表现花卉群体的自然景观（图 6-23）。其优势在于种植施工后，每年只需稍作补充调整便可使用多年。目前，花境在城市公园、街头绿地中都有广泛地应用，它不仅点缀绿地，还能增加节日气氛、美化街景，越来越受到人们的喜爱。

图 6-23　城市公园中的花境

（2）花境的特点

①植物材料丰富。花境中应用的植物材料非常丰富，主要为宿根花卉、球根花卉、一二年生花卉；在具有野趣风格的花境中会用到观赏草，如观赏蓖麻、观赏谷子等；在一些大型花境中，还会用到花灌木，甚至常绿树。花境充分体现了植物的多样性。

②景观效果突出。花境由各种不同花期、株高、株型的植物自然地种植在一起，在平面上表现植物斑块混交的美感；在立面上高低错落，参差有致，能够形成丰富的层次，不仅体现植株的个体美，还体现植物组合的群落美。花境有着非常明显的季相变化，随着时节的更替，持续不断地有植物开花，每个季节都有不同的观赏特点，使人们感到新鲜和神秘。

③养护管理粗放。由于花境采用自然式种植形式，植物材料以多年生为主，所以花境的养护管理相对粗放、简单。

（3）花境的分类　花境在绿地中一般为带状布局，沿绿地长轴进行布置。按照观赏角度来说，花境有单面观、双面观、对应式之分。

单面观花境需要背景，最好是绿色，可以是常绿乔灌木、树墙、园墙等，旨在起到衬托作用（图 6-24、图 6-25）。单面观花境经常用在道路边缘、建筑物前面。双面观花境中间部分需要使用株型较高的花卉，两侧则逐渐降低花卉株高，形成层次；或者在准备种植床时，通过地形处理，使其形成中间高、四周低的地形，最终达到双面观赏的效果（图 6-26）。双面观花境常用在道路、广场和草地上。对应式花境一般用在园路两侧，即左右各置一个风格、形式类似的花境，形成优美的道路景观（图 6-27），考虑到两侧花境均匀生长，对应式花境一般用在南北向路两侧。

图6-24　以山石为背景的单面观花境　　图6-25　以竹类为背景的单面观花境

图6-26　双面观花境　　　　　　　图6-27　对应式花境

　　**2. 花境植物材料的选择和要求**　在花境设计阶段，应根据当地的气候条件，选择露地多年生植物，要求管理简单、适应性强；根据花境的种植环境，选择耐阴、喜阳、耐旱或喜湿的植物；从观赏方面来说，选择观赏期长、花叶兼美的植物种类；根据花境背景、中景、前景的不同高度选择不同株高的植物种类；根据四季观赏效果，选择不同花期及花色的植物。

　　在花境施工阶段选择植物个体时，要求植株健壮、没有病虫害、根系良好、枝叶繁茂、没有机械损伤。

　　**3. 花境设计施工图的内容**　花境的设计施工图包括总平面图、平面图、立面效果图、植物材料统计表、设计说明、指北针和比例，其中平面图就是施工图。

　　（1）花境总平面图　花境总平面图主要表达花境的具体位置和周边环境，能反映出花境和建筑、道路、草坪等要素的位置关系和大小比例关系，一般选用 1：500～1：100 的比例绘制。

（2）花境平面图与立面效果图　花境平面图主要表达花境的轮廓，以及每种植物的种植范围，即斑块，斑块内标有序号，每个序号代表一种植物。平面图选用比例一般为 1：100～1：50。花境立面效果图主要表现植物在竖向上的层次关系，也能帮助施工人员更好的理解植物之间的位置关系，其多选用 1：200～1：100 的比例。

（3）植物材料统计表（苗木表）与设计说明　苗木表是按照平面图中序号的顺序，列出花境所需植物材料，主要内容有植物名称、株高、花期、花色、用量；设计说明除描述设计者的设计意图外，还可介绍图中难以表达的内容。

## 【任务实践】

### 实践一　调查当地花境应用情况

**1. 使用工具**　铅笔、记录表、皮尺、工具书、相机等。

**2. 操作步骤**

（1）在当地公园或者街头绿地中观察几个花境，记录它们使用的植物材料，查阅相关资料后填写表 6-8：

表 6-8　花境常用植物表

| 序号 | 中文名 | 花期 | 株高 | 花色 | 株行距 | 生态习性 |
|------|--------|------|------|------|--------|----------|
| 1 | | | | | | |
| 2 | | | | | | |
| 3 | | | | | | |
| 4 | | | | | | |
| 5 | | | | | | |
| 6 | | | | | | |
| 7 | | | | | | |
| 8 | | | | | | |
| 9 | | | | | | |
| 10 | | | | | | |
| 11 | | | | | | |
| 12 | | | | | | |
| 13 | | | | | | |
| ... | | | | | | |

（3）观察每个花境的类型、环境特点、尺寸、斑块数及用到的植物种类、数量等内容，记录在表6-9，并拍摄整体效果。

表6-9　花境概况调查表

| | 类型 | 环境特点 | 尺寸 | 斑块数 | 植物种类数 |
|---|---|---|---|---|---|
| 花境1 | | | | | |
| 花境2 | | | | | |
| 花境3 | | | | | |
| 花境4 | | | | | |
| ... | | | | | |

（3）检查及总结　检查表6-8植物种类记录是否完整，若有不认识或不确定的植物可拍下照片，查阅资料；检查表6-8中每个花境要搜集的信息是否完全准确。

总结当地花境主要使用的植物材料，熟悉它们的生态习性；观察花境的外观效果，总结施工的不足之处，为以后的施工打下基础。

### 实践二　识读花境施工图

观察图6-28，回答表6-10中的问题。回答完毕后，请在小组范围内讨论，选出代表在全班发言，并听取老师总结。

表6-10　花境施工图识别

| 序号 | 问题 | 回答 |
|---|---|---|
| 1 | 图纸都包括什么内容？ | |
| 2 | 图6-28中的花境是南北走向还是东西走向？ | |
| 3 | 图6-28中花境的比例是多少，写出计算过程。 | |
| 4 | 图6-28中的花境属于什么类别？ | |
| 5 | 图6-28中花境有背景么？如果有，其背景是什么？ | |
| 6 | 图6-28中花境共使用了多少种植物？ | |
| 7 | 图6-28中花境使用的乔灌木有哪些？ | |
| 8 | 图6-28中斑块11、27、38分别代表什么植物？ | |
| 9 | 图6-28中花境的长度大概是多少米？最宽处是多少米？最窄处呢？ | |

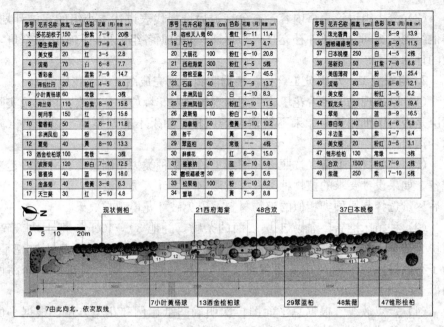

图6-28 花境施工图

## 实践三 花境施工

### 1. 制定施工计划

（1）根据老师所给的施工图和提出的具体要求，阅读【知识点】制定施工计划，完成表6-11。

表6-11 花境施工实施计划表

| 施工程序 | | 具体内容 | 施工注意事项 |
|---|---|---|---|
| 工作计划 | 1. 勘察现场 | | |
| | 2. 植物准备 | | |
| | 3. 种植床准备 | | |
| | 4. 定点放线 | | |
| | 5. 植物栽植 | | |
| | 6. 初期养护 | | |
| | 7. 场光地净 | | |
| 使用工具及数目 | | | |
| 组内分工 | | | |

（2）分小组讨论表格内容，充分交流后选择代表讲述本小组的实施计划，其他组同学提问、点评并补充。教师总评，并根据各组汇报，归纳出供全班实施的计划表。

**2. 组织施工**　小组分工合作，根据实施计划完成图 6-28 花境的施工。

（1）踏勘现场　带着花境施工图到现场核对花境位置，观察花境周边实际情况是否与图纸相符，如果不符请现场调整，如果不能调整请与设计者（教师）沟通。

（2）植物材料准备　按照设计图纸上的植物种类去苗圃选苗，并做好运输准备。如果设计要求的植物种类没有货源则与设计人员（教师）联系，征得同意后尽量选择与原种类相似的植物材料，以免破坏花境观赏效果。

（3）种植床准备　清除土壤表面的杂物，翻地 30～40cm，把土块敲碎，石块、杂草等物拣出；施加充分的有机肥后，再翻一遍地，然后把土壤耙平。为了有效排水，单面观花境要保证 3％～5％ 的坡度，双面观花境中间高四周低。

（4）定点放线　根据总平面图再次明确图纸比例和花境方位。根据平面图，确定花境的大致轮廓，找到图纸上固定的地上物，如乔木、道牙等作为控制点，如必要可用木棍在种植床内确定控制点。用铅笔在图纸上打好方格网，在种植床内按比例定出此方格网，用白灰做标记，也可用拉线绳的方法进行标记。可将控制点作为参照物。选取图纸上花境轮廓的一些点，对应在种植床内用木棍定出这些点，用白灰勾勒出花境的轮廓（图 6-29）。并按此方法勾勒花境内部斑块。

图 6-29　花境的定点放线

（5）植物栽植　对照图纸，选择正确的植物材料，从背景处往前栽植，从左向右栽植。

①乔灌木栽植　裸根苗移栽时，尽量将植物根系舒展于种植穴中，边覆土边压实，使土壤和根系充分接触；如果是带土球苗，将土球直立的放在种植穴中间，保证土球上部与种植穴表面平齐，下部与土壤平稳接触，填入土壤，由四周向中间压实。对于较高又柔软的植物，需要用细木棍捆绑固定。

②草本植物栽植　将要移栽的盆栽花卉浇透水，沥干。对照图纸，核对每种植物栽植的范围，确定无误后，开始施工。用花铲挖好种植穴，深度与花盆一样高，将植株从花盆中取出，放入种植穴中，在周边填土，压实。种植密度

按照设计密度即可，如果是小苗，建植初期又不想过多裸露土壤，可采用一些覆盖物如树皮、鹅卵石、沙砾等进行覆盖。

（6）初期养护　施工完毕后，浇三遍水，每一次浇水都要保证浇透。施工完立刻浇一遍，过 3 天左右浇第二遍，视土壤情况再过 5 天左右浇第三遍水，如果土壤有下沉现象要及补土修复。花境建植初期，植物处于恢复期，土地中容易滋生杂草，要及时拔除。如果是炎热的夏天，栽植后可视情况对花境进行遮荫（图 6 - 30）。

图 6 - 30　花境建植初期进行的遮阴养护

（7）场光地净　花境施工完毕后，要将现场彻底清理。将多余植物材料运走，施工工具收好，现场的杂物处理干净，注意保洁。

## 【思考与讨论】

1. 花境施工完成后，以小组为单位总结在施工中出现的问题，包括小组合作是否顺利，如何改进等内容，完成表 6 - 11 的"施工注意事项"，然后各小组发言，供全班反思和讨论。

2. 轮廓和斑块大体为直线条的花境如何进行定点放线？

# 参 考 文 献

曹明君，2004. 树桩盆景实用技艺手册 [M]. 北京：中国林业出版社.

陈国菊，2009. 压花艺术 [M]. 北京：中国农业出版社.

陈建芳，2006. 知识经济时代下的园林企业管理创新 [J]. 安徽农业科学，34（10）：2277 -
2278.

陈庆修，2005. 促进企业创新的五项策略 [J]. 科学决策（12）：45 - 47.

陈有民，1988. 园林树木学 [M]. 北京：中国林业出版社.

程广有，2001. 名优花卉组织培养技术. 北京：科学技术文献出版社.

党辉，杜凯，贾汇，2008. 浅谈园林绿化工程的施工管理 [J]. 科技创新导报（5）：49.

郭阿君，王志英，2007.9 种室内植物对 4 种微生物抑制作用的研究 [J]. 北方园艺（8）：
128 - 130.

黄凯，2004. 园林经济管理 [M]. 北京：气象出版社.

霍艳梅，肖久利，2007. 加强园林绿化施工项目管理 [J]. 内蒙古林业调查设计，30
（6）：51.

李俊，2008. 园林工程施工控制与管理 [J]. 中国新技术新产品（9）：138.

李俊明，1992. 植物组织培养教程. 北京：中国农业出版社.

李如生，2001. 景区开发经营问题的探讨. 中国园林，5.

李艳妮，李悦，等，2009. 浅谈室内花卉装饰要点 [J]. 现代园林（7）：59 - 60.

李云，2001. 林果花菜组织培养快速繁殖技术 [M]. 北京：中国林业出版社.

林伯年，1994. 园艺植物繁育学 [M]. 上海：上海科学技术出版社.

刘会超，齐安国，2008. 园林生产与经营 [M]. 北京：高等教育出版社.

刘义平，2008. 园林企业经营管理 [M]. 北京：中国建筑工业出版社.

鲁涤非，1998. 花卉学 [M]. 北京：中国农业出版社.

罗斯玛丽·麦克里里（美），2005. 盆栽花艺 [M]. 北京：中国建筑工业出版社.

纳尔逊·哈默（美），2001. 室内园林 [M]. 北京：中国轻工业出版社.

彭春生，李淑萍，2006. 盆景学 [M]. 第 3 版. 北京：中国林业出版社.

荣亮，2006. 拥有室内小花园 [M]. 广东：汕头大学出版社.

苏雪痕，1994. 植物造景 [M]. 北京：中国林业出版社.

孙吉雄，2000. 草坪技术指南 [M]. 北京：科学技术文献出版社.

孙吉雄，2006. 草坪学 [M]. 北京：中国农业出版社.

谭文澄，戴策刚，1991. 观赏植物组织培养技术 [M]. 北京：中国林业出版社.

万蜀渊，1996. 园艺植物繁殖学 [M]. 北京：中国农业出版社.

王振龙，2006. 植物组织培养 [M]. 北京：中国农业大学出版社.

韦三立，2001. 花卉组织培养 [M]. 北京：中国林业出版社.

吴涤新，1994. 花卉应用与设计 [M]. 北京：中国农业出版社.

吴诗华，汪传龙，2007. 树木盆景制作技法 [M]. 第 3 版. 合肥：安徽科学技术出版社.

夏宜平，等，2005. 组合盆栽——营造室内花园 [J]. 广东园林，27（1）：30 - 32.

谢仁寿，2005. 技术创新能力与企业文化 [J]. 技术经济（9）：48 - 50.

徐慧风，金研铭，2008. 室内绿化装饰 [M]. 北京：中国林业出版社.

杨绍卿，2001. 室内花卉栽培与装饰 [M]. 郑州：河南科学技术出版社.

曾宪义，1999. 经济法 [M]. 北京：中国人民大学出版社.

张军霞，2008. 园林经营管理 [M]. 北京：中国农业大学出版社.

张重民，黄光新，2007. 盆景 [M]. 成都：四川科学技术出版社.

赵迎迎，2005. 花卉装饰技术 [M]. 北京：高等教育出版社.

郑易生，2002. 自然文化遗产的价值与利益 [J]. 中国园林，2.

朱明德，2006. 园林企业经营管理 [M]. 重庆：重庆大学出版社.

朱迎迎，2005. 花卉装饰技术 [M]. 北京：高等教育出版社.

**图书在版编目（CIP）数据**

盆景艺术与花艺设计 / 齐安国，王保全主编 . —北京：中国农业出版社，2019.1（2020.5 重印）
ISBN 978-7-109-25041-3

Ⅰ.①盆…　Ⅱ.①齐…②王…　Ⅲ.①盆景－观赏园艺②花卉装饰－装饰美术－设计　Ⅳ.①S688.1②J525.1

中国版本图书馆 CIP 数据核字（2018）第 271378 号

中国农业出版社出版
（北京市朝阳区麦子店街 18 号楼）
（邮政编码 100125）
责任编辑　王玉英
────────────
北京中兴印刷有限公司印刷　新华书店北京发行所发行
2019 年 1 月第 1 版　2020 年 5 月北京第 2 次印刷
────────────
开本：720mm×960mm　1/16　印张：11.75
字数：210 千字
定价：80.00 元
（凡本版图书出现印刷、装订错误，请向出版社发行部调换）